"十二五"国家科技支撑计划课题资助（编号：**2012BAK19B02**）

基于地震数字化观测的数据处理
与预测方法研究

张晓东　周龙泉　牛安福　卢　军　张永仙　李胜乐等　著

地震出版社

图书在版编目（CIP）数据

基于地震数字化观测的数据处理与预测方法研究/张晓东等著.

—北京：地震出版社，2018.12

ISBN 978 - 7 - 5028 - 4930 - 6

Ⅰ.①基…　Ⅱ.①张…　Ⅲ.①地震观测-数据处理-研究　②地震预测-研究

Ⅳ.①P315.61　②P315.7

中国版本图书馆 CIP 数据核字（2018）第 285133 号

地震版　　**XM4101**

基于地震数字化观测的数据处理与预测方法研究

张晓东　　周龙泉　牛安福　卢　军　张永仙　李胜乐 等　著

责任编辑：刘素剑

责任校对：孔景宽

出版发行：**地震出版社**

　　　　　北京市海淀区民族大学南路 9 号　　　　　邮编：100081

　　　　　发行部：68423031　68467993　　　　　传真：88421706

　　　　　门市部：68467991　　　　　　　　　　传真：68467991

　　　　　总编室：68462709　68423029　　　　　传真：68455221

　　　　　专业部：68467971

　　　　　http://seismologicalpress.com

　　　　　E-mail：dz_press@163.com

经销：全国各地新华书店

印刷：北京地大彩印有限公司

版（印）次：2018 年 12 月第一版　　2018 年 12 月第一次印刷

开本：787×1092　1/16

字数：343 千字

印张：13.75

书号：ISBN 978 - 7 - 5028 - 4930 - 6/P（5633）

定价：88.00 元

前　言

本书是国家科技支撑计划课题（编号 2012BAK19B02）的研究成果（课题负责人张晓东）。《基于地震数字化观测的数据处理与预测方法研究》一书正式出版了，它是地震预报科技人员多年从事地震科学研究和实践工作的结晶和升华。通过基于数字化观测技术的地震短临预报技术研究，在获得前兆正常动态基础上，识别前兆数据异常，并对其数据异常情况自动报警，基本解决了地震预报人员繁琐的日常数据初步处理的问题，分析预报人员可以集中精力对异常台站开展深入的数据分析与异常现象研究（包括前兆异常的现场核实工作），基本实现了地震预报技术由模拟观测分析研究为主向数字化观测分析研究为主的过渡，为建立数字地震预测技术和方法奠定了初步基础；同时课题对新的观测技术进行了探索研究，包括高精度氢、汞观测仪器的研制和试验观测。

课题研究内容分为两部书籍出版，第一部书籍主要是对已有观测数据处理分析和研究，第二部书籍主要是新的观测仪器和观测技术的研发。本书内容包括"基于数字化观测技术的强震短临预测关键技术研究"课题中的 7 个专题中的其中 5 个专题的研究内容成果，即：专题 1：数字地震技术在强震中短期预测中的应用；专题 2：数字形变资料异常识别和报警技术研究；专题 3：数字电磁资料异常识别和报警技术研究；专题 4：数字流体资料异常识别和报警技术研究；专题 5：地震短临和震后综合判定技术研究。另外两个专题，专题 6："氢和汞传感器技术研发和示范性应用"和专题 7："用于地震预测预报的地基气辉光电探测技术"的成果另外单独成书出版。

本书基于数字地震波形资料的噪声成像、波谱分析技术，研究了中强以上地震有关数字地震波形的异常信息提取技术和预测方法，并探索了前震波形识别技术方法；对全国定点形变、电磁和流体台站数字前兆观测数据进行了系统分析研究，建立了各台站的正常变化动态和异常识别的指标，给出了不同时间尺度的异常信息自动识别报警判别技术；在系统梳理形变、电磁、流体数字前兆观测资料和震例的基础上，对课题研发的"数字前兆资料分析处理系统"和"数字前兆群体性异常综合报警软件"的有关预测技术和方法进行了介绍。

第一章主要由周龙泉、杨立明、刘杰编写；第二章主要由牛安福、闫伟编写；第三章主要由解滔、姚丽、卢军编写；第四章主要由孙小龙、刘耀炜、黄辅琼、王博、马玉川编写；第五章主要由张永仙、李胜乐、平建军、薛艳、张小涛、黎明晓、闫伟、刘珠妹编写。

本书章节设计、内容编排和统稿由张晓东负责；本书的文字整理由庞丽娜、卢显、戴宗辉、王博、赵静和安艳茹负责。

本书出版得到中国地震局监测预报司、地震出版社的大力帮助，在此表示衷心感谢。

张晓东

2018 年 **6** 月

目 录

第一章 噪声成像、地脉动和前震识别技术及应用

基于数字化观测技术的地震短临预测预报技术研究，实现地震预报技术由模拟观测分析研究为主向数字化观测分析研究为主的过渡，是当前我国地震分析预测急需解决的问题。数字地震技术在强震中短期预测中的应用正是该方面的初步尝试，其目标就是：利用目前的数字地震观测资料提取地震短临阶段的异常信息，利用典型震例资料，初步给出地震短临阶段的数字地震参数的异常特征和识别标志。主要内容包括：①利用噪声成像技术，获取波速时空演化图像，动态获取强震中短期异常特征，提高动力学地震预报的基础能力；②通过其宽频数字波形资料的多种滤波技术，达到获取强震前低频脉动异常的目的；③获取强震前震源区、近震源区数字地震波形资料，利用时间域、频率域相关数据分析方法，计算相关动力学参数，结合序列特征研究，给出识别前震序列方法和技术。

1.1 基于噪声数据的动态成像及应用

利用静态成像只能给出强震附近的静态速度结构，难以描述震前震源区速度结构的变化以及确定哪些因素对强震发生起重要作用。虽然 Zhao et al.（2000）和 Chen et al.（2001）分别对 1995 年神户地震和 1999 年集集地震震源区速度结构做了动态成像，但只给出了震前和震后的对比结果，主要描述了震后震源区的变化，而没有给出震前震源区的速度变化，很难推测强震震前的孕震情况。随着地震台网建设的不断开展，使得利用动态成像技术获取震前震源区的速度变化成为可能，目前周龙泉等（2007）已经开始了这方面的初步探索。

随机噪声层析成像是近年来发展较快的一种新的面波成像方法。该方法被证明可以有效地从随机地震噪声中提取面波，从而用于反演地壳和上地幔顶部的结构。随机噪声层析成像是基于地震台站对的长时间地震噪声记录的互相关计算提取格林函数，再进行面波频散曲线测量，得到不同周期的面波速度分布图。大多数面波层析成像是通过正则化矩阵反演得到面波的频散速度图。一般正则化矩阵反演中采取了空间圆滑和矩阵阻尼系数，以便于在模型残差和走时残差之间找到一个折中解。这种折中解常常压制了小尺度的速度结构特征，这是高分辨率成像和方向各向异性研究中所不希望看到的。此外，当研究区速度的方向各向异性非常强烈时，走时值变化非常明显而且射线是弯曲的，如果反演中假定射线是直线也将影响结果的精度。由于其数据不依赖于地震的多少，只取决于宽频带台站的分布，因此其更适合做动态成像，用于检测地壳介质的速度变化。

本节所阐述的内容是：采用 Eikonal 随机噪声方法（Lin 等，2009），对川滇、华南地区以及台湾地区开展静态噪声成像研究，同时给出不同周期的相速度误差；以川滇地区为例，

开展动态噪声成像研究，分析强震前后川滇地区的速度变化特征，并评估速度变化的可靠性。

1.1.1　Eikonal 噪声成像方法理论简介

根据赫尔姆霍茨（Helmholtz）方程，波的相走时波前面 $\tau(r_i, r)$ 可以写成如下形式：

$$\frac{1}{c_i(r)^2} = |\nabla\tau(r_i, r)|^2 - \frac{\nabla^2 A_i(r)}{A_i(r)\omega^2} \tag{1-1}$$

当方程（1-1）右边第二项非常小时，上式可写成

$$\frac{\hat{k}_i}{c_i(r)} \cong |\nabla\tau(r_i, r)| \tag{1-2}$$

该方程称为程函方程，式（1-1）和式（1-2）中 r_i 表示源的位置，r 表示相对于源的位置，$c_i(r)$ 表示第 i 个波阵面在位置 r 处的相速度，ω 为频率，$A_i(r)$ 为位置 r 处弹性波振幅，$\hat{k}_i$ 为位置 r 处的单位波数向量。根据程函方程，在 r 处的相走时梯度的大小代表该点的相慢度，梯度方向表示该点的波的传播方向。

根据式（1-1）和式（1-2），程函方程去掉了振幅项，这将不可避免地导致系统误差。当频率较高时，去掉振幅项引起的系统误差非常小。为了定量描述去掉振幅项引起的误差大小，Lin 等（2009）采用二维有限差分模拟方法计算了 12s 和 36s 周期时去掉振幅项引起的偏差，结果显示，引起的速度标准偏差大概为 0.25%，各向异性幅值大概为 0.3%。根据模拟结果，去掉振幅项的影响并不是特别明显。此外，在噪声数据处理中，对噪声数据进行了时间域和频率的归一化处理，其绝对振幅信息已经丢失了，因此，去掉振幅项是合理的。由于相走时面在空间扩展时非常敏感（有限频率信息），因此去式（1-1）右边的第二项并不意味着去掉有限频率信息。根据程函方程，波的传播方向并不是直线，而是弯曲射线。

根据程函方程，相走时面梯度的大小为相慢度，梯度方向为波的传播方向，即相速度为波的传播方向的函数。因此，程函层析成像不需要经过通常的层析成像反演过程。如果将程函方程看作一个反演问题，则梯度将看作将观测走时转化成相速度模型值的反演算子，而且不需要正演过程。

1.1.2　川滇与华南地区速度噪声成像结果

利用川滇和华南地区 425 个数字地震台记录的 2009～2010 年两年的连续噪声数据，采用 Eikonal 层析成像方法研究华南地区 5～40s 周期的速度各向异性和各向同性分布特征，并与传统面波噪声成像方法得到的结果对比。该方法主要基于通过台阵的面波波前追踪，得到各个网格点的速度大小和方向。该方法主要包含三个步骤：①计算任一台站到周围所有台

站的相走时面，即波阵面追踪。②计算每个走时波阵面的梯度在每一个网格节点处的值。根据程函方程，梯度的大小近似为局部相速度的倒数，梯度的方向为几何射线的传播方向。在执行步骤①和②时，将每个台站看作走时波阵面的一个有效源。③收集所有台站的波阵面在某一网格节点的梯度大小和方向并求平均，得到该节点的相速度和各向异性大小和方向。由于步骤②中引入了程函方程，因此称该方法为程函层析成像方法。

图 1.1.1 给出了川滇和华南地区 8s、14s、20s、30s 周期的瑞利波相速度分布图，8s 的相速度显示四川盆地为明显的低速区，这表明该地区沉积层较厚；14s 的相速度显示川滇地区中上地壳的速度明显低于华南地区；20s 和 30s 的相速度显示，川滇地区莫霍面深度明显大于华南块体。

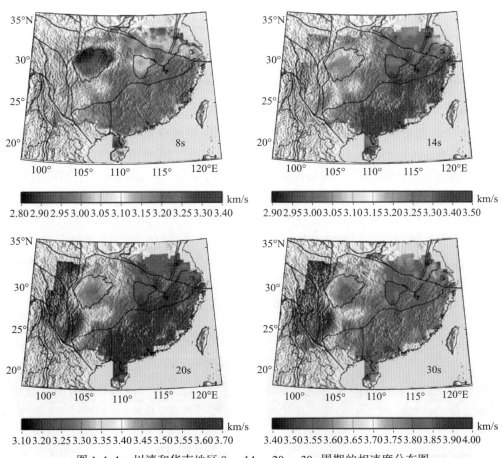

图 1.1.1　川滇和华南地区 8s、14s、20s、30s 周期的相速度分布图

图 1.1.2 给出了川滇和华南地区 20s、40s 周期的相速度误差分布，从图中可以看出，在 20s 的周期相速度误差约为 0.005km/s，相当于 20s 周期相速度的 1.5‰，即噪声成像能够分辨出 1.5‰的速度变化。

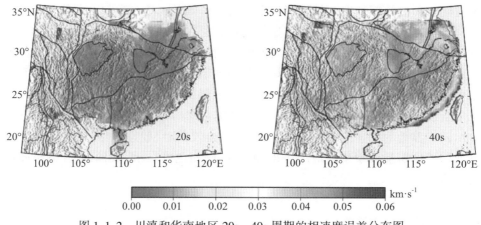

图 1.1.2　川滇和华南地区 20s、40s 周期的相速度误差分布图

1.1.3　台湾地区的随机噪音瑞利波层析成像研究

使用 2004 年、2005 年和 2008 年台湾地区 CWBSN（Central Weather Bureau Seismic Network）的 18 个宽频带台站记录的数据，2008 年中国国家地震台网的 2 个宽频带台站数据和日本 MASN（Meteorological Agency Seismic Network）的 1 个宽频带台站数据。通过互相关方法提取瑞利波的经验格林函数，利用相匹配滤波的时频分析技术测量瑞利波相速度频散曲线。利用面波层析成像方法给出台湾地区 8s、12s、16s、20s 的瑞利波相速度分布图（图 1.1.3），结果较好地揭示了地壳内部，尤其是浅部地壳的横向速度变化。研究表明，短周期的相速度分布同地表地质结构、地形密切相关，滨海平原、屏东盆地以及宜兰平原为低速区，西部丘陵、中央山脉以及海岸山脉地区为高速区；不同周期的相速度分布图显示，整体上低速区随相速度周期的增大逐渐向东移，这与台湾地区地壳内部速度的分布特征和构造特征基本一致。此外，屏东地区一直处于低速区，这可能与该地区布格重力负值异常有关。

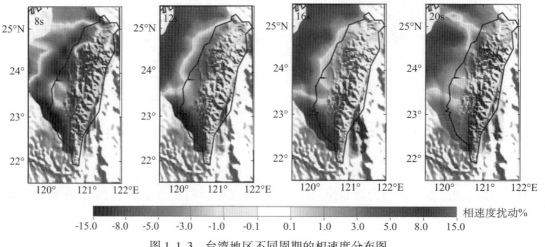

图 1.1.3　台湾地区不同周期的相速度分布图

1.1.4 2011年3月24日缅甸7.2级地震前后云南地区速度变化

选用中国地震台网中心提供的 2011 年 1～6 月（包含缅甸地震前后 60 天）云南地区（21°～29°N，97°～106°E）46 个宽频地震台（不包括昆明台和贵阳台）的连续波形资料。利用该资料的垂直分量提取 1035 个台站对的经验格林函数，反演缅甸地震前后云南地区 10～20s 的瑞利面波群速度结构，该频段瑞利面波群速度反映了 10～20km 深处中上地壳介质物性。

为了发挥噪声成像的优势，排除由于地震射线对不同造成反演结果的误差，震前与震后反演的射线对与参考时段反演的射线对必须是一致的，即选取同时满足震前和震后条件的射线对进行反演。经计算，1035 个台站对射线中参考格林函数信噪比大于 5 的射线有 897 对。利用最小二乘法计算参考走时 $t_{参考}$ 与台站间距的拟合值和残差，挑选走时在 1 倍均方差以内的射线，当参考走时与拟合值之间的残差大于 1 倍均方差时，该 $t_{参考}$ 值不被采用。从中挑选震前和震后与参考格林函数的互相关系数大于 0.8 且延迟时间在 ±1s 以内的射线后，最后真正参与反演计算的射线对为 505 条。通过计算每个网格内穿过射线的数目，云南地区在 0.75°×0.75° 网格内，大部分网格内的射线数都超过了 100 条。当面波群速度均匀时，射线的走时与台站间距成线性关系。利用选取的射线的走时通过最小二乘法拟合该时段云南地区平均速度 $Vs_0 = 2.931km/s$，将该速度值作为下一步反演的初始速度模型。

通过检测板分辨率测试（图 1.1.4），可以发现云南地区大部分区域的反演结果都是可靠的。图 1.1.5 为云南地区 2011 年 1～6 月缅甸地震期间的参考群速度结构图像。结果显示，云南地区 10～20km 深处的平均面波速度在 2.80～3.10km/s 之间。该参考速度图像为云南地区的背景群速度值，它与云南地区的地壳结构能够较好地吻合。在可分辨范围内，大

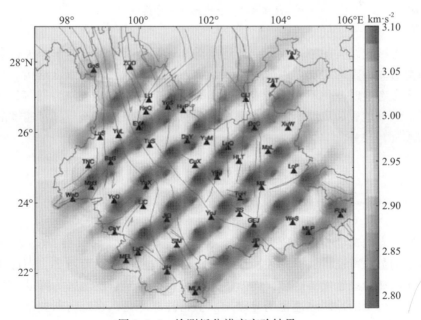

图 1.1.4 检测板分辨率实验结果

致以 NW 向楚雄—建水断裂带为界，东北地区波速明显高于西南地区。何正勤等指出在 8～12km 深度 S 波速度大致以通海—楚雄—云龙为界东北地区高于西南地区，东川—渡口—丽江存在大范围的高速区，这与本文得到的结果相吻合。图中还显示在华坪—攀枝花一带出现显著的高速区，并向东南方向的东川一带延伸。

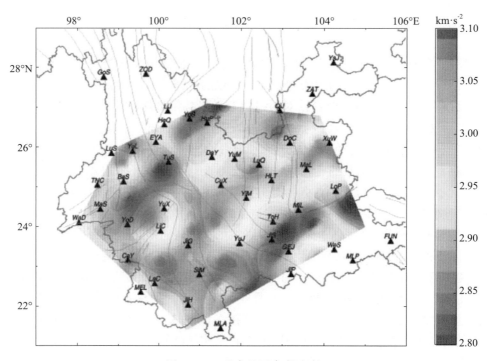

图 1.1.5　云南地区参考速度

与计算参考波速结构的原理相同，利用震前和震后与参考时段波形相关得到的台站间的走时延迟和参考时段走时之和可以分别反演出震前和震后的面波群速度结构。由于地震前后的走时相对于参考走时变化不大，所以将参考时段的初始速度模型作为震前和震后反演的初始速度模型。缅甸地震前后波速的变化用震后波速与震前波速之差与参考速度的比值的百分比表示，如式（1-3）。

$$\mathrm{d}v/v = \frac{v_{\text{震后}} - v_{\text{震前}}}{v_{\text{参考}}} \times 100\% \qquad (1-3)$$

对每个网格点的速度变化插值后得到速度结构变化图像，见图 1.1.6。结果显示，波速变化呈现明显的分块特征，从禄劝往西至华坪一带在震后波速显著增加。南汀河断裂带以北从永定至泸水区域为波速增加区域，而断裂带以南从临沧至景洪地区为降低的区域。除此之外，通海—建水—个旧地区波速也明显增加。值得注意的是，在红河断裂带元江西北部地区震后波速也出现增加。而小江断裂带以东马龙至宣威地区出现明显的波速减低。

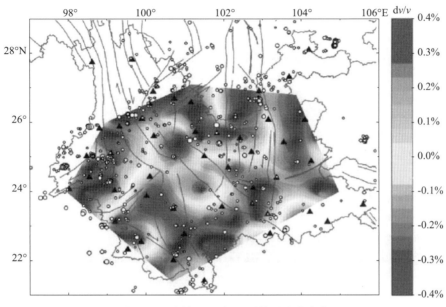

图 1.1.6　缅甸 7.2 级地震前后速度变化

1.1.5　2012 年苏门答腊 8.6 级、8.2 级地震前后川滇地区速度变化

川滇地区（21°～34°N，97°～108°E 位于南北地震带中南段，主要在四川和云南数字地震台网的覆盖区域范围内。研究中收集了 2012 年 1～6 月（苏门答腊地震前后 60 天）99 个台站的完整的连续波形资料数据，其中包括云南数字台网 48 个和四川数字台网 51 个宽频数字地震台。经过对川滇地区总共 4851 条噪声射线对严格筛选，最终确定参与反演的射线对数为 860 条，分布如图 1.1.7，覆盖了川滇地区大部分区域。经过 10 次迭代反演之后，$t_{参考}$的均方根（RMS）残差从反演前的 7.5184 降到了反演后的 6.5557。为了检验结果是否可靠，本研究进行了检测板分辨率实验，图 1.1.7 显示川滇地区大部分 1°×1° 的结果是可靠的。

将 2012 年 1～6 月的速度结果作为参考速度（图 1.1.8），考虑相对变化的稳定性，选取 2012 年 4 月 11 日苏门答腊 8.6 级地震之前 60 天的波速作为震前的波速，其后 60 天的波速作为震后的波速，两者差值作为地震前后的相对变化。从图 1.1.8 可以看出，苏门答腊地震前后川滇地区波速结构发生改变，呈现龙门山断裂带南段至元谋—绿汁江断裂带和安宁河断裂带波速降低而两侧波速升高的特点。从鲜水河与龙门山断裂带交会处至楚雄附近区域为近南北向的波速降低区域，其中楚雄附近波速降低量可达 0.4%。而在该降低区域西侧从鲜水河断裂带往南延伸至红河断裂带则为近南北向的波速增加区域，其中宁蒗—木里一带波速增加量达到 0.3% 左右。波速降低区域东侧从通海附近往北直至龙泉山断裂附近也是波速显著增加区域，其中巧家附近区域以及乐山—雅安一带波速增加量可达 0.4%。

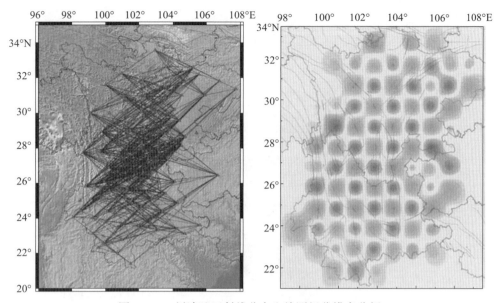

图 1.1.7 川滇地区射线分布和检测板分辨率分析

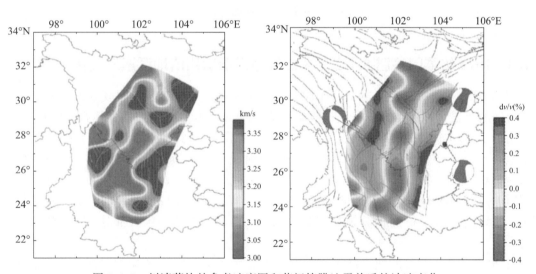

图 1.1.8 川滇菱块的参考速度图和苏门答腊地震前后的波速变化

1.1.6 利用噪声互相关分析龙门山断裂带相对速度变化

收集了龙门山断裂带附近地震局的区域数字地震台网 2008 年 1 月至 2013 年 12 月共 6 年的 33 个固定台站的连续噪声记录（图 1.1.9）。

研究工作首先是对挑选出的台站连续数据记录进行去均值、去线性趋势、去除仪器响应及带通滤波（2～100s），同时为减少地震事件对结果的影响，对数据也进行去地震、时间同步、归一化、谱白化处理。然后对所有台站对进行互相关来获取台站对之间的经验格林函数。结合地震活动性背景，将地震活动性较弱时间段内的经验格林函数叠加起来作为参考经

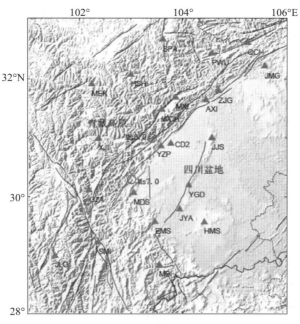

图 1.1.9 研究区地貌及台站分布图

三角为研究区台站，圆圈分别为汶川和芦山地震震中

验格林函数（RGF）；以计算当天为基准点叠加前后各 30 天，共 61 天的格林函数作为当天的经验格林函数（CGF），如果该段的经验格林函数天数小于 40 天，则该天的经验格林函数不予计算。

为了研究汶川地震、芦山地震前后龙门山断裂带东西两侧的介质速度变化，我们选取了三组横跨龙门山断裂带的台站对做互相关，看其速度随时间的变化。其中 SPA-ZJG-XCO 横跨汶川余震区北段，HSH-YZP-YGD 横跨汶川主震区，XJI-MDS-EMS 横跨芦山主震区（图 1.1.10）。结果显示，在龙门山断裂带北段和汶川主震区，汶川地震前断裂带西侧出现

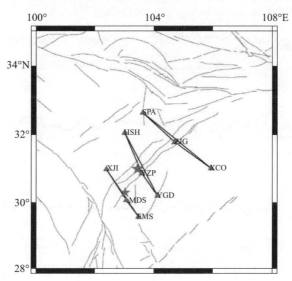

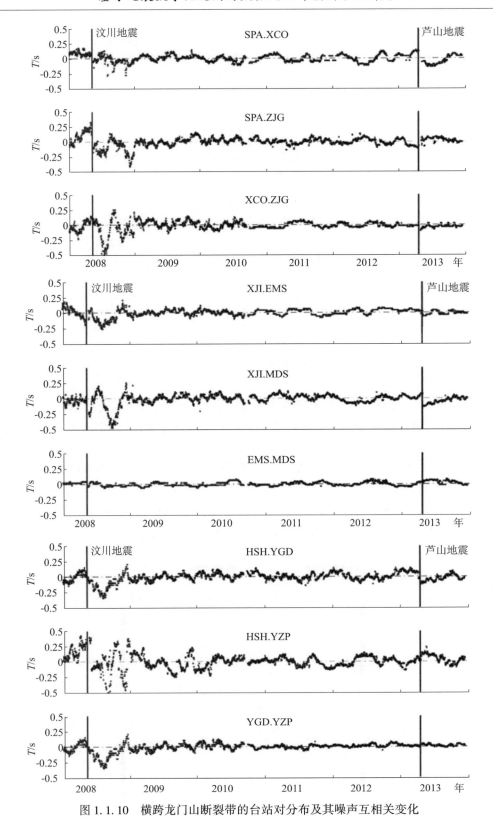

图 1.1.10　横跨龙门山断裂带的台站对分布及其噪声互相关变化

速度的明显降低，而东侧的盆地内速度没有明显变化；龙门山断裂带南段（芦山主震区）汶川地震前断裂带两侧都没有出现明显的速度变化；芦山地震前龙门山断裂带两侧速度变化并不明显。

1.1.7　小结

综上所述，基于噪声数据的动态成像及其应用研究结果为：

（1）Eikonal 随机噪声层析成像方法作为传统的噪声面波成像方法的补充，该方法可以直接给出相速度的误差估计，可以有效的评估动态噪声成像的可靠性，是非常可靠的动态噪声成像方法。

（2）川滇和华南地区 8s、14s、20s、30s 周期的瑞利波相速度分布显示，8s 的相速度显示四川盆地为明显的低速区，这表明该地区沉积层较厚；14s 的相速度显示川滇地区中上地壳的速度明显低于华南地区；20s 和 30s 的相速度显示，川滇地区莫霍面深度明显大于华南块体。川滇和华南地区 20s、40s 周期的相速度误差分布显示，在 20s 的周期相速度误差约为 0.005km/s，相当于 20s 周期相速度的 1.5‰，即噪声成像能够分辨出 1.5‰的速度变化。

（3）2011 年缅甸 7.3 级地震和 2012 年苏门答腊 8.6 级、8.2 级地震后，川滇地区的速度变化震例显示，川滇地区速度的变化都大于误差变化，且速度升高区域都为后续中强震的可能区域。

（4）随机噪声互相关结果显示，汶川地震前龙门山断裂带西侧出现速度的明显降低，而东侧的盆地内速度没有明显变化。

1.2　基于波形资料的前震信息识别与应用

数字地震台网记录到的大量数字地震记录为地震预测、地球科学研究、国家经济建设和社会公众提供更加丰富的数据服务。一般情况下，在中强地震发生前，震源区附近的台站通常会记录到一些震级较小的中小地震事件波形。研究这些事件波形特征可为地震预测提供有用信息。但很多大震前没有明显的前震活动，不过仍然记录到了大量大震前的连续波形，从这些连续波形资料中提取有用信息，如慢地震事件，也是研究的一项内容。因此，根据中强地震发生前有无前震的情况，用数字地震记录研究中强地震震前异常特征分为两个方向：有前震活动，通过震源参数研究区域应力场的变化过程；无前震活动，检测大震前数月是否有慢地震事件的发生。

目前较为普遍和有效研究应力场变化的途径可以归纳为两类：第一类方法是计算地震的震源参数（如应力降），用其间接估计介质应力的大小；另一类方法是通过震源机制解来推断应力的方向变化。本节联合震源参数（应力降）和震源机制解类型的变化，分析震前、震时和震后，震源区应力场大小和方向随时间的变化的变动过程，这是寻找地震前兆进行地震预测的一条重要途径，也可为强余震预测提供新的方法和物理力学依据。

在大震前的各种频段的噪声包含大量的可用信息，例如在常规地震前有很大一部分能量是以各种形式缓慢释放，这被称为慢地震，这些事件对于研究强震发生前的异常是非常有益的。慢地震的识别是慢地震研究中最基础的问题，基于国内外的研究现状，在地震记录中慢地震一般分为两个频段，一个是 10～20Hz 的甚低频事件，另一个是低频事件 1～10Hz，我们主要检测和识别 2～8Hz 频段的低频事件。

利用波谱相关分析方法，研究地震序列的振幅比变化特征，提取前震序列震源机制解的变化特征；提取强震前震源区附近中小地震的震源参数，研究地震序列的震源参数与其他地震的震源参数的差异，提取前震序列的特征；研究强震前震源区附近慢破裂事件的特征及与后续大震的关系。

1.2.1　2011 年盈江地震震源参数和震源机制解相关性

1.2.1.1　2011 年盈江 5.8 级地震序列的应力降

收集到 2011 年 1～12 月 $M_L \geqslant 2.5$ 地震的波形数据 296 条，5226 条 S 波震相数据。2011 年 3 月 10 日发生云南盈江 $M_S5.8$ 地震，从 2011 年 1 月至主震前，该地区前震活动频繁，发生 $M_S \geqslant 2$ 地震 347 次，$M_S \geqslant 3$ 地震 51 次，$M_S \geqslant 4$ 地震 5 次。该地震的余震活动也十分丰富，尤其主震后的 2 个月余震活动密集。主震后至 2011 年 12 月底，发生 $M_S \geqslant 2$ 地震 490 次，$M_S \geqslant 3$ 地震 52 次，$M_S \geqslant 4$ 地震 6 次。2011 年盈江地震序列是典型的前震-主震-余震型地震序列，根据序列活动特征，将该地震序列分成三个阶段：前震阶段、密集余震阶段和后期余震阶段（图 1.2.1）。

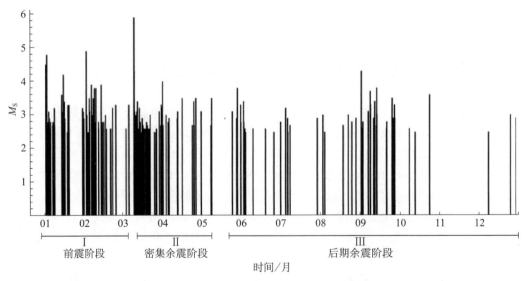

图 1.2.1　2011 年 3 月 10 日盈江 5.8 级地震序列 M-t 图

反演得到 2011 年盈江地区 92 次地震的震源参数。本节在讨论平均应力降时，扣除与震级明显相关的应力降。总体上 2011 年盈江地震余震序列应力降大于前震应力降，后期余震阶段的应力降大于密集余震的应力降。它反映前震较余震释放的应力少；主震释放大量应力后，密集余震期应力降并不高；随着余震活动趋向结束，后期应力降水平逐渐提高（图 1.2.2）。

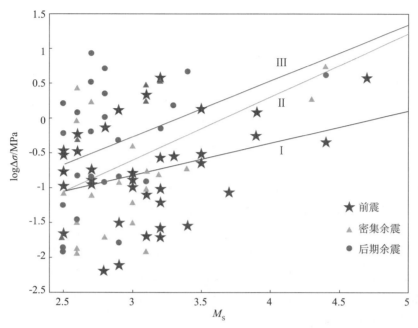

图 1.2.2　2011 年盈江 M_S5.8 地震序列的应力降和震级的关系及其拟合直线

从 2011 年盈江地震序列的应力降的时间演化过程，可以看到应力降有明显的阶段性（图 1.2.3）。

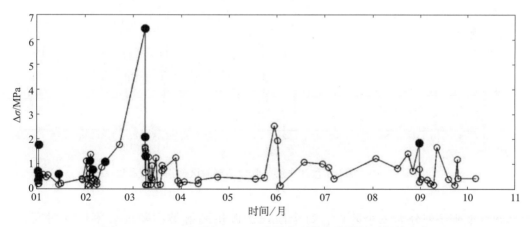

图 1.2.3　2011 年盈江 M_S5.8 地震序列的应力降随时间的变化

实心圆表示 M_S3.5 以上地震

（1）前震活动阶段，主震前（2011 年 1～2 月）的应力降有增强的趋势，但整体前震的应力降水平不高，平均值为 0.63MPa。尤其是前震阶段发生的 M_S3.5 以上地震，虽然次数较余震阶段多（前震 8 次，余震 3 次），但是其中的 7 次 M_L3.5 以上前震的应力降低于所有 3.5 级以上余震应力降。

（2）3 月 10 日盈江 M_L5.8 主震的应力降为序列的最大值 6.46MPa。

（3）密集余震阶段，震后（2011 年 3～5 月）密集发生大量 M_S2、M_S3 余震，震区应力场处于快速调整阶段。3 月余震活动比较密集，其间地震的应力降波动比较大，4～5 月间地震的应力降比较低并且走势平稳。该阶段平均应力水平 0.68MPa，比前震略高。

（4）后期余震阶段，平均应力降为 0.83MPa。5 月 31 日发生的 M_S2.7 地震应力降为 2.54MPa，6 月 1 日发生的 M_S3.4 地震的应力降为 1.95MPa，显示震区应力场处于高应力的状态，6～9 月地震的应力降有逐渐增高的趋势，直至 8 月 31 日发生 M_S4.4 强余震，其应力降为 1.86MPa，低于上述 2 次小地震的应力降。之后余震的应力降呈起伏变化，序列末期多数应力降值降至平均应力降水平，标志着序列的结束。

1.2.1.2　2011 年盈江 5.8 级地震序列的体波谱振幅相关系数

我们计算了 2011 年盈江序列 92 次地震相互间的体波谱振幅相关系数，共 4186 个。以主震作为参考，计算主震（序号 39）与其他地震谱振幅相关系数的关系（图 1.2.4 中实线）。可以看到，前震与主震的谱振幅相关系数较高，说明主震与前震的震源机制解的相关程度较高；余震与主震的谱振幅相关系数变化波动比较大，与前震阶段相比普遍降低，说明主震后震源机制解开始发散，并且与主震震源机制解相关性降低。

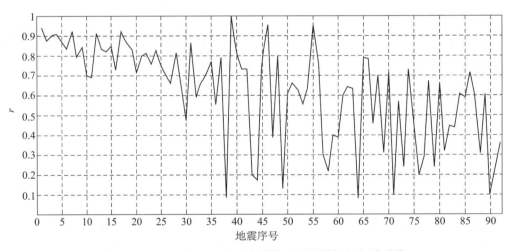

图 1.2.4　2011 年盈江主震与其他地震的谱振幅相关系数

将盈江地震序列分为三个阶段，每个阶段震源机制解类型随地震事件（时间）变化（图 1.2.5）有如下特征：

（1）前震活动阶段（1 月 1 日至 3 月 10 日前，事件 1～38），前震的震源机制解相关性较高，第二种类型震源机制解占绝对优势，共有 33 次事件，表现的应力场为最大压应力轴，为 NNE 向，低倾角，呈压性。这个阶段震区主要受区域构造应力场控制，应力水平不高但随时间有增强的趋势，其间发生的小地震震源机制解相关程度较高，节面趋于一致，形成的裂隙呈优势取向排列，有利于形成和扩展成为大的破裂，从而发生强地震。

（2）主震后密集余震活动阶段（3月10日至5月31日，事件40～68），五种类型的震源机制解地震均有发生，主要以第1、2、5类为主。随着主震发生，所释放的应力促发了跟局部构造有关的地震（主要是第1种类型的地震），这类地震空间上主要集中分布在与大盈江断裂共轭的条带上。

（3）后期余震阶段（5月31日至10月6日，事件69～92），主要以第2、3、5类为主，分别发生次数为10、5、6。第2类震源机制解较前一阶段比例增大，而与局部共轭构造有明显相关的第1类震源机制解类型只有一次。表明该阶段余震区受局部构造应力场的影响减弱，受区域构造应力场的影响增大，反映震区可能开始愈合，余震活动趋向结束。

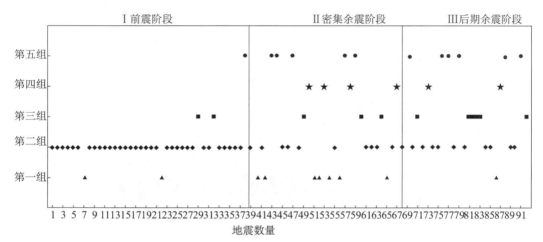

图 1.2.5 各类震源机制类型随地震事件（阶段）分布图

通过对2011年盈江地震震源参数和震源机制解相关性研究，我们得出：

（1）2011年盈江地震序列，余震应力降大于前震应力降，后期余震阶段的应力降大于密集余震的应力降。这反映前震较余震释放的应力少；主震释放大量应力后，密集余震期应力降并不高；随着余震活动趋向结束，后期应力降水平逐渐提高。

（2）发现2011年盈江主震发生前一系列的中小前震的震源机制解高度相关，震源机制解类型趋于主震震源机制解，并且占绝对优势。很多学者通过对大地震前的震源机制解分析都得到类似的结果（陈颙，1978；刁桂苓等，2010；万永革，2008；万永革等，2009；王俊国等，2005）。

1.2.2 于田地震序列的频谱特征分析及前震识别

2014年2月12日在新疆于田发生7.3级地震，此次地震前约31小时，震中曾发生5.4级前震，形成了完整的前震-主震-余震序列活动。这次地震序列为我们研究前震活动的物理性质和特征提供了很好的条件，以下所述内容为利用新疆区域数字地震台网记录到的前震和余震序列的波形资料，基于Brune圆盘破裂模型，利用遗传算法反演计算于田地震序列的震源谱，对该序列进行频谱特征分析，并对比前震和余震事件的观测谱和震源谱的差异。

1.2.2.1　数据

我们首先选取了新疆台网 2014 年 2 月 11～17 日的波形记录资料，在这期间共记录到于田地震序列 279 次，为保证观测资料的可靠性和一定的信噪比水平，共选择了 103 次 M_L ≥3 地震进行分析，对其中大多数事件选用了最近的三个台站（YUT、YJB、MIF）。图 1.2.6（a）给出了本研究使用的台站及于田序列的震中分布，图 1.2.6（b）给出了于田序列用于本文计算的 103 次事件（含主震）的 $M-t$ 图。

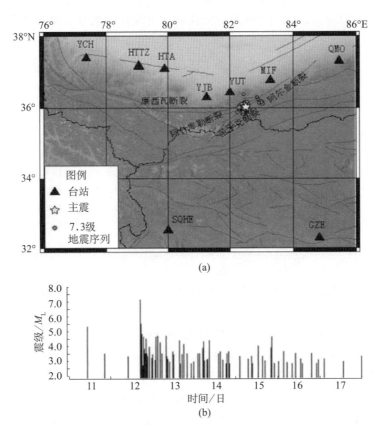

图 1.2.6　2014 年于田地震序列震中和台站分布图及序列震级时序图

1.2.2.2　拐角频率

多数研究都显示，在一定的震级范围内，地震矩 M_0、拐角频率 f_c 和震级 M_L 之间存在半对数线性关系（张天中等，2000）。我们根据计算得到于田地震序列的 102 次 M_L ≥3 地震的震源参数，结果显示地震矩、拐角频率和震级之间有很好的线性关系。

利用于田地震序列的拐角频率值，分析了主震前后拐角频率的变化特征，其结果见图 1.2.7，从图中看出，主震之前的前震序列的拐角频率值明显偏小，而余震序列的拐角频率值较高，明显高于前震序列。从定量角度分析，前震序列的拐角频率均值为 2.34，而余震序列的拐角频率均值为 2.88，高于前震序列。由于拐角频率和地震矩有很好的线性关系（图 1.2.7），我们使用地震矩对拐角频率进行归一化，结果见图 1.2.8（b），可以看出余震序列的归一化拐角频率的升高趋势更加明显。

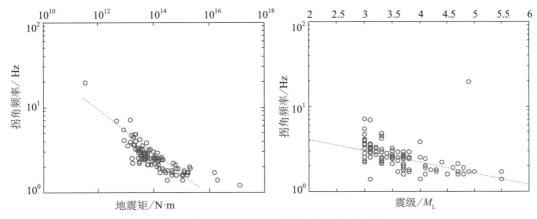

图 1.2.7　震源参数之间线性拟合

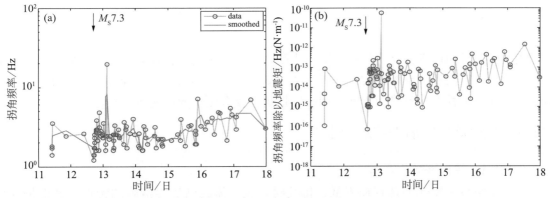

图 1.2.8　于田地震序列（去除主震）的拐角频率随时间的变化曲线
（a）拐角频率变化曲线；（b）除以地震矩的拐角频率变化

1.2.2.3　震源谱

对计算得到的 102 次地震的震源谱除以事件的地震矩，扣除事件大小的影响，得到归一化的震源谱，结果见图 1.2.9。图中分别用不同颜色标出了 3 次 $M_L \geqslant 5.0$ 事件的震源谱，其中红色代表 2014 年 2 月 11 日 10 时 14 分 $M_S 5.4$ 前震，绿色代表主震后 5 分钟发生的 $M_S 5.7$ 最大强余震，蓝色代表 2014 年 2 月 12 日 18 时 00 分发生的又一次 $M_L 5.0$ 较强余震。对比可见，在 10Hz 以下的低频部分，三次事件的归一化振幅相差不大，而在超过 10Hz 的高频部分，$M_S 5.4$ 前震的振幅明显大于两次余震事件。这一现象与 Chepkunas et al.（2001）研究发现前震的振幅谱中存在异常的高频成分相一致。

通过利用新疆区域数字地震台网记录到的波形资料，对 2014 年 2 月 12 日新疆于田 $M_S 7.3$ 地震前震和余震序列的频谱特征进行分析；并基于 Brune 模型，对 S 波记录谱进行仪器响应、传播路径和场地响应的校正后，使用遗传算法对于田地震序列 102 次 $M_L \geqslant 3.0$ 地

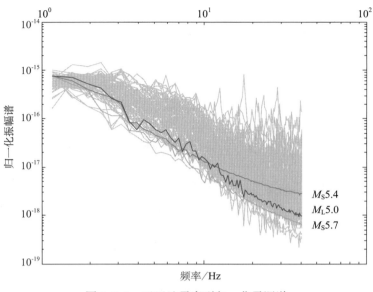

图 1.2.9　于田地震序列归一化震源谱

震的观测谱和震源谱进行反演计算。结果表明：①前震序列的拐角频率相对偏低，扣除地震矩影响后，余震的拐角频率有明显增高趋势；②前震的振幅谱中存在异常的高频成分。这些特征或许在一定程度上可以用于前震识别，但仍需要有更多的震例进行检验。

1.2.3　脉动资料的前震信息识别

1.2.3.1　慢地震检测方法

非火山震颤（NVT）具有频率低、持续时间长、体波到达不清晰的特点，这也是我们检测和识别它的基础。NVT 持续时间一般为数分钟到数天，有的甚至能达到数个星期。NVT 的优势频率在 1～10Hz，低于通常当地小地震的频率 10～20Hz。Obara（2002）在研究日本西南部非火山地区 NVT 时，发现其优势频率分布在 1～10Hz，持续时间为数分钟到数天。Rogers（2003）在研究卡斯卡地亚地区的 ETS 时，认为其频率成分主要位于 1～5Hz 之间，持续时间为数分钟到数天。Peterson et al.（2006）所研究的阿拉斯加（阿留申）俯冲带的 NVT 频率范围为 1～6Hz，持续时间为数十分钟，有少数能达到数小时。Payero 等（2008）从连续地震波形记录中识别墨西哥俯冲带的 NVT 时，使用了 1～8Hz 的滤波频带，NVT 的持续时间为数分钟到数小时。Nadeau et al.（2005）用 3～8Hz 的带通滤波器处理连续波形数据，识别圣安德烈斯断层下的 NVT，Peng and Chao（2008）使用 2～8Hz 的信号识别台湾地区的 NVT。

在总结上述 NVT 的优势频率和处理方法的基础上，在此介绍我们采取的一种检测低频事件的方法，分为三步。

（1）带通滤波。

首先对垂直向连续速度波形进行 2～8Hz 带通滤波。相对当地小震辐射的地震波频率，这属于低频段；而相对于远场大震体波或面波的频率，这属于高频段。因此这可消除远场大震体波和面波以及其他低频噪声（如台风）的影响（图 1.2.10）。

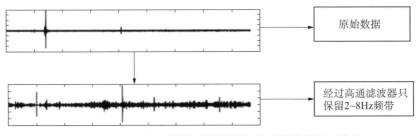

图 1.2.10　一天的连续波形数据通过带通滤波器的示意图

（2）包络平滑。

计算包络的滑动时间窗长度取为 10s，这与 Obara 的做法是一致的。在第 j 个滑动时间窗内，计算经过带通滤波的波形各点的均方根：

$$r_j = \sqrt{\frac{1}{N} \sum_{i=1}^{N} y_i^2} \qquad\qquad (1-4)$$

其中，y_i 为第 i 个数据点的幅值，N 为滑动时间窗内的数据点数。逐点向前滑动，则由 r_j（$j=1$，2，3…）时间序列形成波形的包络。

由滑动时间窗内各点值的均方根形成新的时间序列，实际上起到了对原时间序列进行平滑的作用（图 1.2.11）。

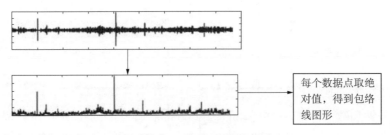

图 1.2.11　包络平滑示意图

（3）中值滤波。

取滑动时间窗为 20min，对于时间窗内包络的各点 r_j（$j=1$，2，3…M，M 取奇数），按从小到大进行排序，形成一个序列 s_k（$k=1$，2，3…M），则取 $f_l=S_{(M+l)/2}$，即 s_k 序列的中值作为这个时间窗的值。同样逐点滑动，则由 f_l（$l=1$，2，3…）形成经中值滤波后的时间序列（图 1.2.12）。

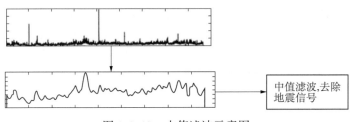

图 1.2.12　中值滤波示意图

中值滤波目的是为了滤除区域天然小震和当地短时噪声的影响，滤波窗长需考虑区域小震或当地短时噪声持续时间的影响。对于 3 级左右的小震，在震中距为 300km 的台站事件波形持续时间为 1～3min。为了最大限度地去除小震和当地噪声的影响，本文取中值滤波窗长为 20min，这样只有持续时间超过 10min 的事件能够保留在经过中值滤波后的时间序列中，滤掉了持续时间小于 10min 的区域小震和当地噪声。

图 1.2.13（a）和（b）分别为 XJI 台 2013 年 1 月 6 日和 2013 年 3 月 12 日各一天的原始波形、带通滤波后波形、波形包络及中值滤波后包络。由图 1.2.13（a）可见，2013 年 1 月 6 日无持续事件较长的低频信号，中值滤波后包络在约 8～20 时之间幅值较高，约 25counts，是白天正常的背景噪声。由图 1.2.13（b）可见，2013 年 3 月 12 日除了在约 4～8 时波形幅值明显较小外，其余时间的幅值明显较大。在中值滤波后包络上，在约 15～17 时波形幅度突出，平均约为 100counts，明显大于正常的背景噪声。

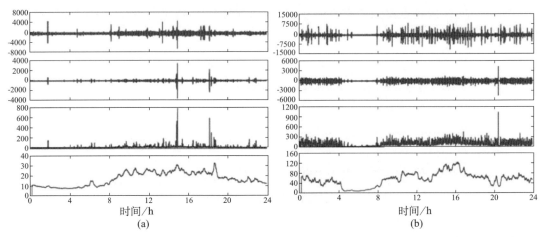

图 1.2.13　XJI 台一天的地震波形资料处理结果
（a）2013 年 1 月 6 日；（b）2013 年 3 月 12 日
图中从上到下的波形依次为原始波形、带通滤波后波形、波形包络和中值滤波后包络

台站周围发生地震和震群是否会对本文处理结果产生影响？2013 年 1 月 18 日以 XJI 台为中心 10°×10°的区域共发生 52 次地震，包括当天 20 时 42 分发生的四川白玉 5.4 级地震及其余震。对比分析图 1.2.14（a）和图 1.2.14（b）可见，中值滤波后的波形只包含长持时

的背景噪声或低频事件，虽然密集地震活动可能造成局部起伏，但一般情况下当地及周边地震活动不会影响结果。

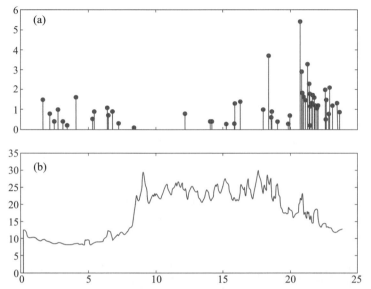

图 1.2.14　2013 年 1 月 18 日以 XJI 台为中心 10°×10°的区域地震活动 （a）
和 XJT 经中值滤波后的波形 （b）

1.2.3.2　汶川地震和芦山地震前地脉动震例计算结果分析

四川地震台网由 52 个数字地震台站构成，使用 CMG-3ESPC、CTS-1E 等宽频带地震仪，观测结果稳定。采样间隔为 0.01s，奈奎斯特（Nyquist）频率是 50Hz。本文选取的台站都围绕震中相对对称分布，台站主要分布在龙门山、鲜水河断层附近及四川盆地（图 1.2.15）。

我们对 2008 年汶川地震和 2013 年芦山地震周边台站震前数个月的连续垂直向记录进行了处理。处理的汶川地震震前的数据来自 18 个台站，时间段为自 2008 年 1 月 1 日至 2008 年 5 月 9 日。处理的芦山地震震前的数据来自 17 个台站，时间段为自 2013 年 1 月 1 日至 2013 年 4 月 19 日。

对汶川震前挑选的台站连续波形记录的处理，可以看到大部分台站经中值滤波后的包络曲线起伏不大，但个别台站在汶川地震前出现明显变化。其中 MEK 台和 HSH 台（图 1.2.15（a）中正方形标注的台站）在第 110 天之后（约 4 月中旬开始），经中值滤波后的包络中出现了持续时间长、振幅明显大于背景噪声的现象（图 1.2.16）。RTA 台在第 60 天之后也有类似现象，但经核实，RTA 台在此时间段仪器工作不正常。其他台站没有或者持续时间较短，未见类似现象。空间分布上，MEK 台和 HSH 台均位于青藏高原的巴颜喀拉地块内部，而龙门山断裂带和四川盆地上的台站均未出现持续时间长的异常，这与汶川地震的发生动力学机理是一致的。

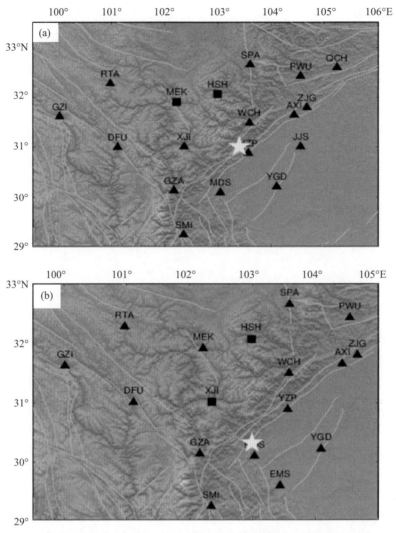

图 1.2.15　汶川地震（a）和芦山地震（b）周边台站和出现低频事件的台站分布

图中五角星为地震震中，正方形为出现异常的台站，三角形为其他台站，线条为断裂带

对 2013 年芦山地震前挑选的台站连续波形记录的处理，与汶川地震相比，可以看到经中值滤波后的包络曲线出现起伏的台站数量比较多（图 1.2.17）。其中 XJI 台和 HSH 台（图 1.2.15（b）中正方形标注的台站）在第 65 天之后（约 3 月初开始）经中值滤波后的包络中出现了持续时间长、振幅明显大于背景噪声的现象。SMI 台、GZA 台、MEK 台和 WCH 台震前数十天出现持续时间较短的异常，其他台站异常不显著（图 1.2.15）。与汶川地震前出现异常的台站对比，HSH 台在这两次地震前均出现异常，但芦山地震前异常持续时间和幅度更加显著；芦山地震前 XJI 台出现的异常比汶川地震前 MEK 台的异常更加突出显著，并在 2 月也出现异常；空间位置上，MEK 台与汶川地震震中、XJI 台与芦山地震震中，它们的连线近似可看成平行的北西方向，即地震位置南迁，异常也出现南迁。此外，芦

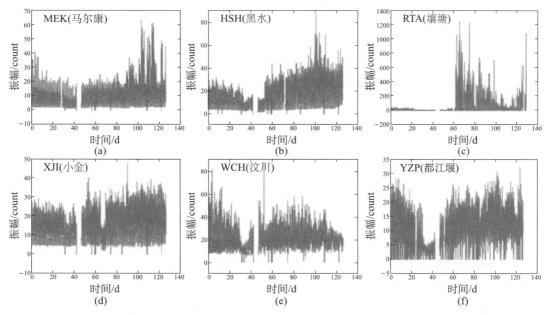

图 1.2.16 汶川地震前部分台站经中值滤波后的包络曲线

山地震前出现短时间异常的台站比汶川地震前多,并且分布在芦山地震周围。从震级上芦山地震远小于汶川地震,但芦山地震出现异常的持续时间与幅度远大于汶川地震的异常,并且震前数天较多台站出现短临异常变化,这可能与汶川地震前整个区域处于闭锁状态、而震后整个区域应力调整比较剧烈有关。

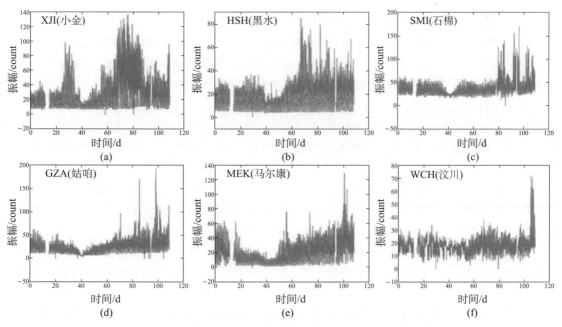

图 1.2.17 芦山地震前部分台站经中值滤波后的包络曲线

我们使用上述方法，通过 2～8Hz 带通滤波、10s 窗长的包络平滑和 20min 窗长的中值滤波，去除连续波形记录中包含的当地天然小震、远场大震和远场低频噪声，对 2008 年 5 月 12 日汶川 M_S8.0 地震周边的 18 个台站震前 5 个多月的连续波形进行处理后，发现 MEK 台和 HSH 台在 2008 年 4 月中旬开始连续多天的包络幅值明显大于背景噪声。对 2013 年 4 月 20 日芦山 M_S7.0 地震周边的 17 个台站震前 4 个多月的连续波形进行处理后，发现 XJI 台和 HSH 台在大约 2013 年 3 月初开始出现了类似的现象，并且芦山地震前出现异常的台站与汶川地震前异常台站相比，台站分布更加向南，异常幅度更大，部分台站在震前数天还出现短临的幅度增大现象。此外，无论是汶川地震还是芦山地震，异常台站均分布在地震的西侧，而东侧四川盆地内的台站均未检测到异常，这可能与这两次地震的发生都是由巴颜喀拉地块向西运动与四川盆地碰撞引起的有关。

汶川地震与芦山地震震前出现的持续时间长的弱地震信号与非火山震颤（NVT）的波形特征相似，然而要确认这是 NVT 还需要更多的资料做进一步研究。在资料处理过程中发现，在正常噪声情况下，白天的背景噪声水平较晚上高；在白天，噪声一般在 10 时和 15 时有两个峰值，中午较弱。由于信号取自 2～8Hz，人类活动产生的噪声也在这个范围，虽然采用 20min 窗长的中值滤波，一般持续时间低于 10min 的噪声都可以滤掉。而 XIJ 台在 2013 年 3 月 12 日 4～8 时波形幅值明显较小，经落实台站附近这段时间有运渣土的重型卡车行驶，虽然时间不太匹配，但是否对记录有影响也需要进一步落实。此外，潮汐和台风在宽频带地震记录中表现为很长周期的波形，胡小刚等（2010）对汶川地震前的研究，认为通常西太平洋台风在中国大陆激发的异常地脉动的信号频率范围为 0.15～0.25Hz。本文使用的 2～8Hz 带通滤波器可以去除这些低频事件的干扰。

1.2.4　小结

综合上述，基于波形资料的前震信息识别与应用研究结果为：

（1）2011 年盈江地震序列，余震应力降大于前震应力降，后期余震阶段的应力降大于密集余震的应力降。这反映前震较余震释放的应力少；主震释放大量应力后，密集余震期应力降并不高；随着余震活动趋向结束，后期应力降水平逐渐提高。

（2）2011 年盈江主震发生前一系列的中小前震的震源机制解高度相关，震源机制解类型趋于主震震源机制解，并且占绝对优势。很多学者通过对大地震前的震源机制解分析都得到类似的结果（陈颙，1978；刁桂苓等，2010；万永革，2008；万永革等，2009；王俊国等，2005）。

（3）2014 年 2 月 12 日新疆于田 M_S7.3 地震前震序列的拐角频率相对偏低，扣除地震矩影响后，余震的拐角频率有明显增高趋势；前震的振幅谱中存在异常的高频成分。这些特征或许在一定程度上可以用于前震识别，但仍需要有更多的震例进行检验。

（4）2008 年 5 月 12 日汶川 M_S8.0 地震和 2013 年 4 月 20 日芦山 M_S7.0 地震震前出现了地脉动异常信号，芦山地震前出现异常的台站与汶川地震前异常台站相比，台站分布更加向南，异常幅度更大，部分台站在震前数天还出现短临的幅度增大现象。此外，无论是汶川地震还是芦山地震，异常台站均分布在地震的西侧，东侧四川盆地内的台站均未检测到异常，这可能与这两次地震的发生都是由巴颜喀拉地块向西运动与四川盆地碰撞引起的有关。

1.3　强震前低频脉动异常提取与识别技术研究

　　关于地震临震预报的探索，已进行了多年。其中，利用地震波开展的研究得到了广泛的关注（冯德益等，1984，1994；郭履灿等，1998）。众所周知，地震台站记录中包含了地震事件记录和没有地震事件时的脉动记录，这些脉动记录中同样蕴含着丰富的信息，可以有效记录到爆破、塌陷、台风、雷雨等环境变化，也可能包含微破裂、地壳变化、与地震孕育相关信息等复杂波形及信息，可综合应用于地震前介质性质的变化，也可应用于寻找临震微破裂。杨立明（2006）曾利用中等地震的频谱特征进行祁连山地震带 $M_S \geqslant 5$ 地震短临阶段显著地震事件的识别研究；汶川地震后，进一步开展了地脉动临震预报的探索，先后开展了地脉动临震预报方法指标的提取、地脉动不同事件影响研究、地脉动记录典型干扰研究等工作（杨立明，2009），对诸如爆破、地震、雷雨等事件的频谱特征开展了初步的研究，得出了地震、雷雨等不同的事件具有不同的频谱特征，通过频谱特征可以区分不同来源的事件记录等结论。探索地脉动中是否含有孕震短临阶段震源或介质状态变化的信息，并设法识别和提取该信息，是一个值得不断探索的领域。

　　本节讨论内容的主要研究思路是以连续地脉动记录为基础，以汶川、玉树等强震为研究对象，通过反复比对，尝试识别和提取强震前临震阶段可能存在的异常现象；对初步识别出的异常现象和指标，利用大量实时地脉动资料进行动态跟踪、监视和检验，以进一步判断该现象与强震临震阶段的关系，提炼临震预报指标。为此，在大量研究比对工作的基础上，研究人员建立了覆盖青藏高原地区的实时震情动态监控和跟踪分析技术系统，利用甘肃、四川、云南、西藏、青海等省（区）局200余个宽频带数字地震台站的实时地脉动波形资料，实现对青藏块体地震活动动态监控、跟踪，并充分利用青藏高原地震多、便于检验和实践的特点，通过期间发生的10余次5级以上地震的震例进行临震预报判据的检验和进一步改进。

1.3.1　地脉动临震波动现象、震例研究

1.3.1.1　分析思路和方法

　　一般来讲，正常的地脉动记录是相对平稳、随机起伏的，具有随机序列的特征，而叠加了已知或未知来源信息的脉动记录是不平稳的，存在明显的波动变化。图 1.3.1 是正常脉动记录，图中 10 时 28 分 10 秒左右是一个小的干扰；图 1.3.2 是 2014 年 10 月 3 日 1 时 41 分 34 秒甘肃白银地震台记录到的持续 120s 的部分记录，其中存在明显迭加于脉动基础上的某种"干扰事件"。可以看出，正常的脉动与叠加"干扰事件"的波形记录具有明显的差异。

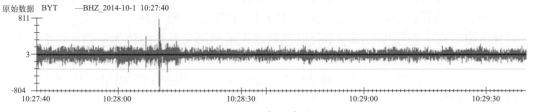

图 1.3.1　正常地脉动记录

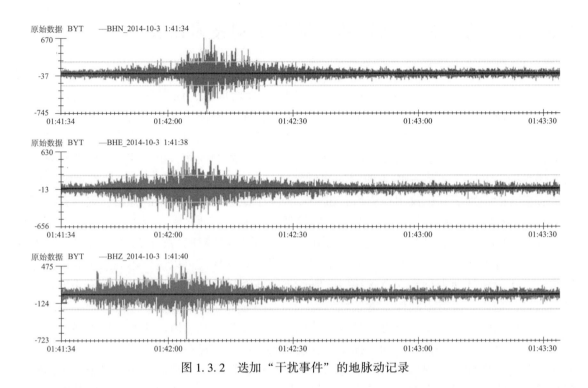

图 1.3.2　迭加"干扰事件"的地脉动记录

对于这样的"干扰事件"的成因，不难想象，可能来源于地震、塌陷、人工爆破、环境事件的影响等过程，也可能来源于某种未知的变化或临震前的预滑移、地壳岩层的微破裂、地壳裂隙扩展等过程。对于地震、塌陷等事件，可以根据事件的时间域、频率域形态特征进行识别，而对于根源于地震临震阶段的震源区的预滑移、微破裂等事件则恰恰是地震预报追寻的目标所在。对这样的目标事件，由于目前不掌握其在时间域、频率域的变化特征，对其进行识别的方法只能是通过震例研究，对临震阶段存在的"事件"进行反复比对，以识别可能存在的临震信息，并进一步通过大量的震例研究和实际资料检验，进行探索和提炼。

为了对脉动记录中叠加的"干扰事件"进行分析和判断，最直观、简单的方法是从连续脉动波形记录中提取干扰事件记录，然后进行时间域和频率域的分析。在此我们以正常脉动为基础，同时以超出脉动平均值若干倍方差为标准，对连续脉动记录资料随时间进行连续扫描。当某一时段脉动资料超出方差标准线时，以该超出部分中段为中心，在其前后各延续截取一定时间长度的波形记录作为该叠加事件的脉动资料，进而利用数字信号处理的方法进行频谱分析，以达到识别叠加信息及其频谱特征，排除干扰的目的。

具体来讲，在本研究中对波动事件的截取以正常脉动记录平均值为基础，以 5 倍方差线为控制线，以超出控制线中心点为中心，前后各以 60s 为时间长度，即总长 120s 为窗口，截取脉动记录中的波动事件记录。对这样的记录，利用常用的 FFT 频谱分析方法，进行事件的频谱特征研究。

快速傅里叶变换频谱分析法是目前比较常用的信号处理方法，也是目前发展最成熟的理论和方法之一。该方法是 J. W. 库利和 T. W. 图基等于 1965 年提出，其主要思想在于将一般的函数 $f(x)$ 表示为具有不同频率的谐波函数 $\{e^{j\omega t},\ \omega \in R\}$ 的线性叠加，从而将对原来的函数的研究转化为对不同频率成分谐波函数的研究。函数 $f(x) \in L^2(R)$ 的连续傅里叶变换的定义为

$$F(\omega) = \int_{-\infty}^{+\infty} f(x) e^{j\omega t} dx \tag{1-5}$$

$$f(\omega) = \frac{1}{2\pi} \int_{-\infty}^{+\infty} F(x) e^{-j\omega t} d\omega \tag{1-6}$$

在一定时段内，地脉动记录中不同类型波动事件出现的频度不同，反映了该类事件活动的活跃程度。为了定量表述这种特征，引入事件活动度的概念，即按一定的时间间隔，将同一类型波动事件出现的频次累加，作为该类型事件活动程度的定量指标，定义为

$$N_i = \sum_{j=1}^{k} n(i,\ j) \tag{1-7}$$

其中，$i=1,\ 2,\ 3\cdots$ 为时间，以天为单位，$n(i,\ j)$ 是某一类事件在第 i 天出现的次数，j 是该类事件出现的顺序，k 是出现的总次数。在实际的分析计算中，这里的时间间隔以天为单位。

1.3.1.2　地脉动临震波动现象和震例研究

四川地震观测网络由 54 个宽频带数字地震台站构成，台基基础较好，观测环境稳定。经过"十五"数字化改造，全部实现了数字化；2007 年底开始观测，使用 BBVS-60、CMG-3ESPC 等宽频带地震仪、CTS-1 甚宽频带地震仪等观测系统，观测结果稳定。汶川地震发生在四川台网中心位置，震中周围 250km 范围内地震台站有近 30 个，可以有效监控汶川地震前可能存在的临震异常现象。汶川地震震中及附近台站分布如图 1.3.3 所示。

按照前述分析思路，逐台提取出汶川地震前四川台网的事件波形，并利用 FFT 方法进行频谱分析。通过大量事件波形及其不同频段频谱特征的反复对比研究，初步识别出汶川地震前临震阶段可能存在的波动事件及其 FFT 谱如图 1.3.4 所示。其中图 1.3.4（a）是都江堰台 NS 向 2008 年 5 月 10 日 11：55：04 为起点，120s 窗长的一段波形记录及其频谱。可以看出，11：55：30～11：56：00 期间，在相对平稳的脉动记录的基础上，叠加有显著的事件波形，持续时间约 30s，事件幅值超出脉动均值 5 倍方差；其频谱大约在 9～16Hz 的幅值变化突出，与其他频段差异显著。图 1.3.4（b）是都江堰台 NS 向 2008 年 5 月 10 日 21：14：26 为起点，120s 窗长的一段波形记录及其频谱。可以看出，21：14：50～21：15：20 期间，在相对平稳的脉动记录的基础上，叠加有显著的事件波形，持续时间约 30s，事件幅值超出脉动均值 5 倍方差；其频谱显示在 11～16Hz 的幅值具有与图 1.3.4（a）类似的特征。

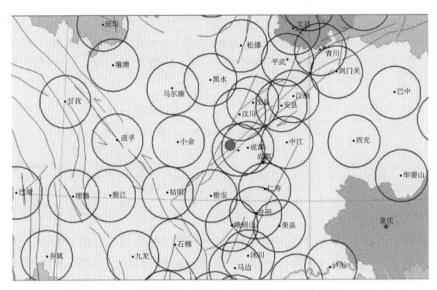

图 1.3.3 汶川地震震中及附近台站分布图

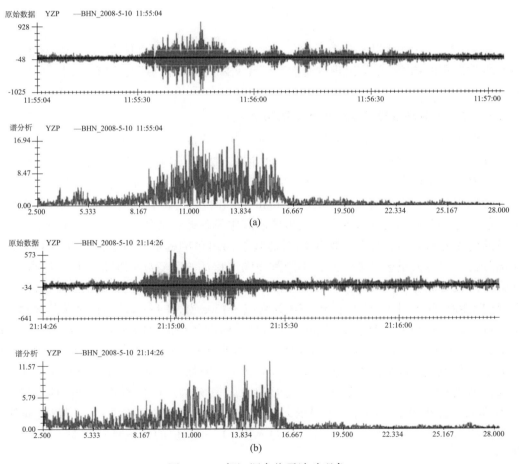

图 1.3.4 都江堰台临震波动现象

进一步系统研究显示，都江堰台记录中类似的事件及其频谱在 2008 年 5 月 1～12 日期间较为常见，而在 4 月底以前则很少出现。其共性特征表现为该类事件的持续时长约 30s，相对于脉动背景变化明显，相应的频谱大致集中在 11～16Hz 左右，频谱形态较为整体。

1.3.1.3　玉树地震前临震波动现象

青海地震观测网络由 30 个宽频带数字地震台站构成，台基基础较好，观测环境稳定。经过"十五"数字化改造，全部实现了数字化；2007 年底开始观测，使用 BBVS－60、CMG－3ESPC 等宽频带地震仪、CTS－1 甚宽频带地震仪等观测系统，观测结果稳定。玉树地震震中及附近地区地震台站分布如图 1.3.5 所示，震中附近台站分布较为稀疏，周围 250km 范围内仅有 4 个地震台站。

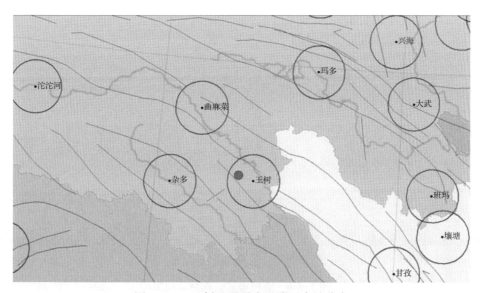

图 1.3.5　玉树地震震中及附近台站分布

按照汶川地震分析相同的思路，提取玉树地震前青海台网玉树、杂多、曲玛莱、玛多等台站的事件波形，利用 FFT 方法进行频谱分析。通过大量事件波形及其不同频段频谱特征的反复对比分析，玉树地震前，存在类似于汶川地震前的临震阶段的波动事件。图 1.3.6（a）是玉树台 EW 向 2010 年 4 月 4 日 11：11：18 为起点，120s 窗长的一段波形记录及其频谱。可以看出，11：11：48～11：12：08 期间，在相对平稳的脉动记录的基础上，叠加有显著的事件波形，持续时间约 30s，事件幅值超出脉动均值 5 倍方差；其频谱大约在 9～16Hz 的幅值变化突出，与其他频段差异显著。图 1.3.6（b）是玉树台 EW 向 2010 年 4 月 3 日 6：04：29 为起点，120s 窗长的一段波形记录及其频谱。可以看出，6：04：55～6：05：35 期间，在相对平稳的脉动记录的基础上，迭加有显著的事件波形，持续时间约 40s，事件幅值超出脉动均值 5 倍方差；其频谱在 11～16Hz 的幅值具有与图 1.3.6（a）类似的特征。

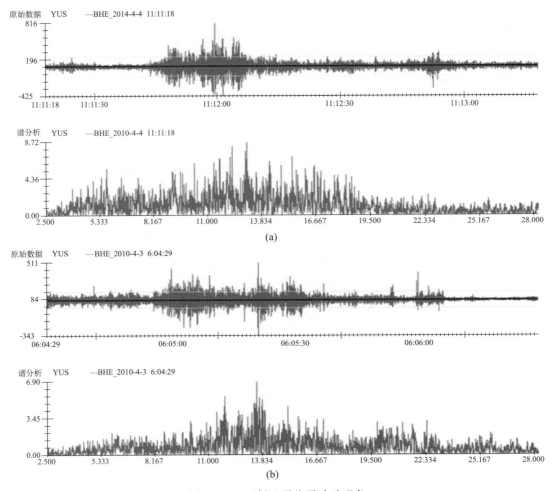

图 1.3.6　玉树地震临震波动现象

（a）玉树台 EW 向 2010 年 4 月 4 日波形记录及其频谱；（b）玉树台 EW 向 2010 年 4 月 3 日波形记录及其频谱

　　进一步系统研究显示，玉树台记录中类似的事件及其频谱在 2010 年 4 月 1～20 日期间较为常见，而在 3 月底以前则很少出现。其共性特征表现为该类事件的持续时长约 30～40s，相对于脉动背景变化明显，相应的频谱大致集中在 11～16Hz 左右，频谱形态较为整体。

1.3.2　地脉动临震预测判据在 2011 年以来震情跟踪中的应用

　　逐步建立了覆盖青藏高原地区的实时震情动态监控和跟踪分析技术系统，利用甘肃、四川、云南、西藏、青海等省（区）局 200 余个宽频带数字地震台站的实时地脉动波形资料，实现对青藏块体地震活动动态监控、跟踪，并充分利用青藏高原地震多、便于检验和实践的特点，利用期间发生的 10 余次 5 级以上地震的震例，进行临震预报判据的检验和进一步改进。

　　2011 年以来，在青藏块体甘、青、藏、川、滇等监控范围内发生 5 级以上独立地震 21 次。由于 2011 年 4～6 月期间发生的炉霍、腾冲地震，处于技术系统建设期间，没有资料进行分析；11 月 1 日青川 5.4 级地震已在前述震例中做了系统研究。因此，以下就从 2012～2014 年 3 年间的 5 级以上地震进行研究，共涉及 5 级以上地震 18 次，结果如表 1.3.1 所示。

表 1.3.1　2012～2014 年监控区 5 级以上地震震例检验

序号	震例	是否符合判据	具体表现
1	2012 年 5 月 3 日金塔 5.4 级	否	
2	2012 年 6 月 24 日宁蒗—盐源 5.7 级	否	
3	2012 年 9 月 7 日昭通 5.6 级	是	8 月 21～27 日期间，昭通台出现异常变化，距离发震 16 天；异常幅度最大 16，NS 测项异常突出；昭通台距离震中 41km
4	2013 年 1 月 30 日杂多 5.1 级	资料缺失	
5	2013 年 3 月 3 日耳源 5.5 级	是	2 月 9～15 日，耳源台出现异常，距发震 24 天；异常幅度最大 6，NS 测项异常突出；耳源台距震中 37km
6	2013 年 4 月 17 日耳源 5.0 级	否	
7	2013 年 4 月 20 日雅安 7.0 级	是	4 月 15～19 日，雅安台出现异常，距发震 5 天；异常幅度最大 6，NS 测项异常突出；雅安台距离震中 24km
8	2013 年 6 月 5 日海西 5.0 级	否	
9	2013 年 7 月 22 日岷县 6.6 级	资料缺失	
10	2013 年 8 月 3 日德荣—香格里拉 5.9 级	否	
11	2013 年 9 月 20 日门源 5.1 级	否	
12	2014 年 4 月 5 日永善 5.3 级	否	
13	2014 年 8 月 3 日昭通 6.5 级	是	8 月 1～3 日，昭通台出现异常，距离发震 3 天；异常幅度最大 14，NS 测项异常突出；昭通台距离震中 48km
14	2014 年 8 月 17 日永善 5.0 级	否	
15	2014 年 10 月 1 日越西 5.0 级	否	
16	2014 年 10 月 2 日都兰 5.1 级	否	
17	2014 年 10 月 7 日景谷 6.6 级	否	
18	2014 年 11 月 22 日康定 6.3 级	是	11 月 8～18 日，姑咱台出现异常，距离发震 14 天；异常幅度最大 6，UD 测项异常突出；姑咱台距离震中 50km

可以看出：

（1）18 次地震中，2 次资料不全，无法分析。有检验意义的地震事件 16 次，均为 5 级以上，其中 5.5 级以上 9 次，6 级以上 5 次。

（2）临震波动现象的出现跟震级强度有关，震级越大，震前越可能出现持续几天的临震波动。表 1.3.2 给出了不同震级档的统计结果。可以看出，5.0～5.4 级地震共有 9 次，没有一次地震震前出现具有预测判据意义的临震波动，应震率 0%；5.5 级以上地震 9 次，其中 5 次地震震前出现满足预测判据的临震波动现象，应震率 62%；6 级以上地震 5 次，其中 3 次地震震前出现满足预测判据的临震波动现象，应震率 75%。其实，如果考虑 7 级以上地震，2008 年以来监控区内发生的汶川、玉树、芦山等地震震前均出现满足预测判据的临震波动现象，应震率 100%。

表 1.3.2　不同震级档应震率

震级档	地震个数	存在临震波动地震数	应震率
5.0～5.4	9	0	0
≥5.5	9	5	0.62
≥6.0	4	3	0.75

表 1.3.3　临震波动主要特征震例统计

震例	临震波动空间记录特征	临震波动时间特征	活动度及其优势方向
2008 年 5 月 12 日汶川地震	震中距 19km 都江堰台有记录，其余台站未记录到	4 月 29 日至 5 月 12 日期间，出现两次起伏；起始时间距主震 13 天	最大达到 18；NS 向优势，与主震的方向一致
2014 年 4 月 14 日玉树地震	震中距 46km 玉树台有记录，其余台站未记录到	4 月 2～10 日期间，出现两次起伏；起始时间距主震 12 天	最大达到 8；EW 向优势，与主震的方向一致
青川地震	震中距 7km 青川台有记录，其余台站未记录到	10 月 18～22 日期间出现临震波动；起始时间距主震 13 天	最大达到 5；UD 向优势，与主震的方向一致
2012 年 9 月 7 日昭通 5.6 级	震中距 41km 的昭通台有记录，其余台站未记录到	8 月 21～27 日期间，出现临震波动，起始时间距离发震 16 天	最大 16；NS 向优势，与主震的方向一致
2013 年 3 月 3 日耳源 5.5 级	震中距 37km 的耳源台有记录，其他台站未记录到	2 月 9～15 日，出现临震波动，距发震 24 天	最大 6；NS 向优势，与主震的方向一致
2013 年 4 月 20 日雅安 7.0 级	震中距 24km 的雅安台有记录，其他台站未记录到	4 月 15～19 日，出现异常，距发震 5 天	幅度最大 6，NS 向优势，与主震的方向一致
2014 年 8 月 3 日昭通 6.5 级	震中距 48km 的昭通台有记录，其他台站未记录到	8 月 1～3 日，出现异常，距离发震 3 天	幅度最大 14，NS 向优势，与主震的方向一致
2014 年 11 月 22 日康定 6.3 级	震中距 50km 的姑咱有记录，其他台站未记录到	11 月 8～18 日，出现异常，距离发震 14 天	幅度最大 6，UD 测项异常突出

根据表 1.3.3 总结的特征，可以进一步提炼出依据临震波动进行震情跟踪和临震判定的初步判据：

（1）跟踪指标：以临震波动及其活动度为目标，动态跟踪震情的变化。若临震波动活动度在一定范围内随机起伏，则属正常脉动活动，不具有强震危险性；若临震波动活动度超出随机起伏的变化范围，且有几天的持续性，则意味着可能具有强震危险性。

（2）时间判据：当临震波动活动度出现异常变化时，预测未来 15 天以内，可能存在强震的危险。

（3）地点判据：可有依次逼近的三条判据为：①当临震波动活动度出现异常变化时，预测出现异常变化的台站为中心，50km 为半径的区域可能是未来发生强震的危险地区；②根据临震波动的方向性做进一步的地点判断，临震波动活动度优势异常方向为未来可能强震的发震方位；③结合 50km 半径区域内主要发震构造的走向等，进一步判据危险区段。

（4）强度判据：临震波动活动度异常活动持续时间越长，未来地震强度越大；临震波动活动度异常活动幅值越大，未来地震强度越大。

1.3.3　地脉动临震波动事件与典型干扰事件识别研究

1.3.3.1　典型干扰事件及研究方法概述

地震和典型干扰事件的区分一直是测震学的重要研究内容。目前地震波的分析解释主要是在时间域内进行的，随着宽频带数字化记录的普及和计算机处理的发展，从频率域对爆破和塌陷等非天然地震事件进行波谱分析，寻求波谱的特征及其差异，是地震波分析解释的另一条途径。

为有效区分地脉动临震波动事件和人工爆破、塌陷、汽车干扰等非天然地震事件的判定指标，下面分别从时间域特征和频率域优势频率范围对几种典型干扰事件进行研究。

1.3.3.2　典型干扰事件频谱特征研究

（1）爆破。

爆破是地震观测中最常见的非天然地震事件，一般工业生产中的炸药爆破是极高速进行并自动传播的化学反应瞬间实现势能转化为机械能的过程。2014 年中国地震局地球物理勘探中心在甘肃、宁夏、内蒙古开展宽角反射/折射探测剖面人工爆破试验，甘肃省测震台网记录完备，其中在 2014 年 1 月 15 日 01：20 内蒙古阿左旗，炸药量 2t；2014 年 6 月 18 日 01：10 在甘肃省白银市，炸药量 3t。2014 年 6 月 18 日 01：10 甘肃爆破点与周边台站分布如图 1.3.7 所示，两次典型爆破记录波形和频率域特征如图 1.3.8 和图 1.3.9 所示。

由于爆破具有极浅源性，大吨位的爆破生成的冲击波不仅压碎了爆炸物周围的物质，同时又冲击爆炸点上方的空气，生成空气震荡波。这种波又反过来冲击地面形成较大周期的震荡波并与瑞利面波叠加形成更大周期的面波，这就是我们在爆炸地震波后面常常看到的较大周期的波列，这种波在爆破点较近的地区更容易观测到。

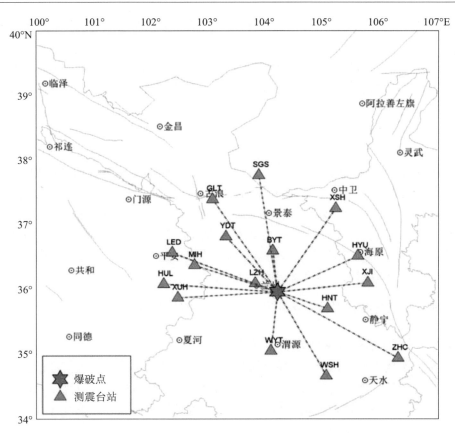

图 1.3.7　2014 年 6 月 18 日 01：10 甘肃爆破点与周边台站分布图

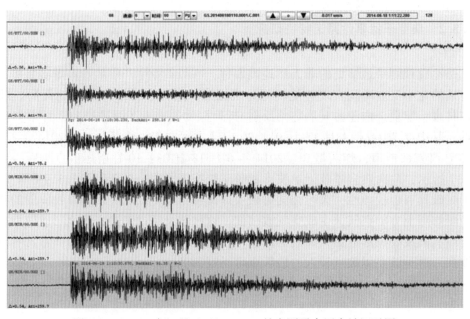

图 1.3.8　2014 年 6 月 18 日 01：10 甘肃测震台网台站记录图

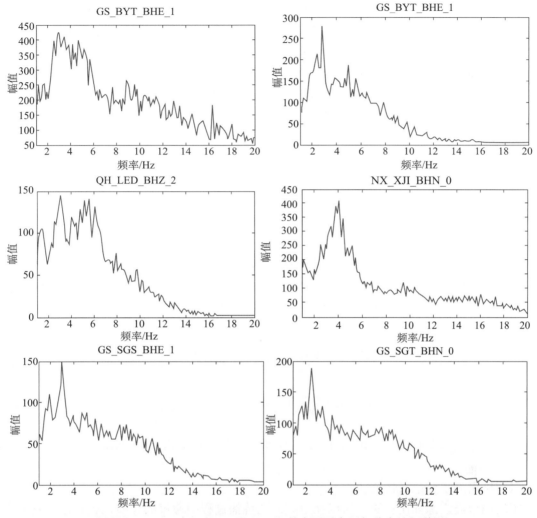

图1.3.9　2014年6月18日01：10甘肃测震台网部分台站频谱图

在时间域主要记录特征如下：

①垂直（BHZ、SHZ）分向的初动向上；

②近源台站波形强而尖锐，呈脉冲型；

③周期较小，振动衰减很快，振幅很快就从最大突减到最小；

④水平向最大振幅接近1：1，而天然地震一般为1：3，或者更小。

在频率域主要记录特征如下：

①频谱较天然地震而言比较单一；

②优势频率范围大多集中在2～8Hz之间；

③衰减快，12Hz以上能量分布较少。

（2）塌陷。

塌陷是地震观测中区域性很强的非天然地震事件，塌陷特殊地震动大多发生在矿区或大的工程建设区域，发震的地点较为集中在开采面附近或发生在断裂面和断层面处。塌陷地震无论成因还是波形特征都比较复杂，不同的矿床、矿井或建设地点，不同的区域、不同的深度发生的塌陷地震都是有区别的。塌陷地震事件往往是"重力源"的作用，震源体主要对源外介质施加的是拉力。图1.3.10为甘肃测震台网记录的2014年11月23日塌陷事件的波形图，图1.3.11为2014年7月19日和8月8日两次典型塌陷记录波形和频率域特征图。

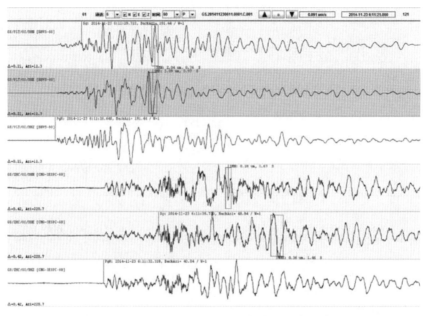

图1.3.10　2014年11月23日06：11甘肃测震台网台站记录图

时间域塌陷主要记录特征：

①塌陷地震震源都比较浅，所以在地震波的传播过程中通过的介质比较疏松，它的高频成分往往被介质吸收，因而它的体波周期要比天然地震大；

②整个波段波形简单、规则，在地震波列中具有明显的短周期面波Rg波，波形发育，且具有明显的正频散特征，即大周期在前，小周期在后；

③具有体波记录头部小的特征；

④由于塌陷往往不是一次完成，常常反复几次，甚至可能伴有岩体或矿体的滚动等情景，又由于剪切波不发育，在近记录点地震图上就形成了多次波列的特征；

⑤由于震源体主要对源外介质施加的是拉力，P波垂直向初动向下。

在频率域主要特点是频谱比较单一，主要集中在2～4Hz，5Hz以上能量分布较少。

（3）汽车经过干扰测试。

随着经济社会的发展，测震台站周边车辆干扰也越来越普遍，2014年12月15日15时我们专门对车辆干扰进行了测试，图1.3.12为20t载重卡车经过距离台站20m时记录波形，图1.3.13为其频谱FFT图。时间域呈纺锤状，前后弱中间强；频率域主要集中在18～20Hz。

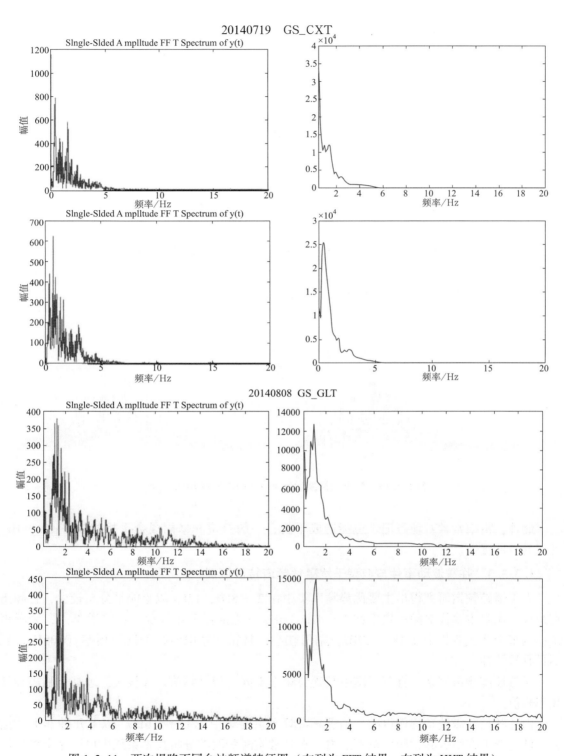

图 1.3.11　两次塌陷不同台站频谱特征图（左列为 FFT 结果，右列为 HHT 结果）

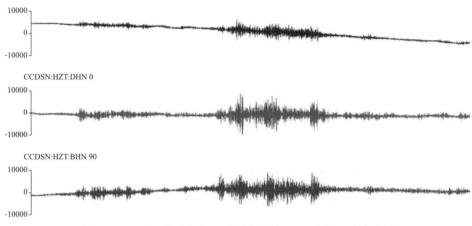

图 1.3.12   20t 载重卡车经过距离台站 20m 时的记录波形图

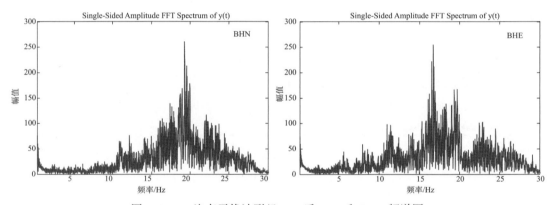

图 1.3.13   汽车干扰波形经 FFT 后 BHN 和 BHE 频谱图

此外，雷雨常常对地震记录也能造成干扰，一般打雷和暴雨混合干扰的频率<0.05Hz，且不具有持续性。

1.3.3.3   临震波动事件与典型干扰事件频谱特征识别

人工爆破频谱研究得出主要优势频率集中在 2～8Hz，12Hz 以上能量分布较少，且频谱衰减快；塌陷主要优势频率集中在 2～4Hz，5Hz 以上能量分布极少，且频谱单一，衰减很快；汽车干扰主要集中在 18～20Hz，幅值较小；打雷和暴雨混合干扰的频率<0.05Hz，且不具有持续性。

天然地震频谱复杂，且不同震中距优势频率不同，但是幅值差异很大，远高于临震异常频率幅值。

由地脉动临震波动震例得出，临震异常频率主要集中在 11～16Hz。以上几种非天然地震事件完全不在临震异常频率范围之内，在日常实时的跟踪分析技术系统中可以完全剔除以上典型干扰事件，确保最终捕捉到跟震源有关的临震异常信息。

1.3.4　数字化地脉动短临预测动态监控与实时跟踪分析技术系统

由于地脉动实时跟踪监控与跟踪分析工作量十分庞大，为了实现震情监视和临震跟踪的目标，项目组建立了集台网数据流实时汇集、动态监控、即时计算与跟踪分析于一体的数字化地脉动短临预测动态监控及实时跟踪分析技术系统。

1.3.4.1　地脉动实时跟踪分析系统技术构成

地脉动信息动态监控与实时跟踪分析需要实时扫描监视区域内测震台网的连续地震波形数据，因此，要建设专用的技术系统，研发实时跟踪分析处理软件。为此，项目组自行研发了地脉动短临预测动态监控与实时跟踪分析软件，建设了如图 1.3.14 所示的动态监控与实时跟踪分析系统，实时扫描甘肃、云南、四川、青海、西藏 5 个台网 210 多个地震台站的连续地震波形数据。

该系统部署在甘肃省地震监测台网中心，由 6 台服务器组成，其中数据流服务器 3 台，部署了 Jopens 系统的数据流服务软件，用于采集甘肃、云南、四川、青海、西藏 5 个台网的连续地震波形数据；扫描计算服务器 3 台，部署了项目组自行研发的地脉动实时跟踪分析软件，实时扫描以上 5 个台网的连续地震波形数据，识别地脉动信息和频谱信息，将扫描计算结果存储在计算结果数据库中。

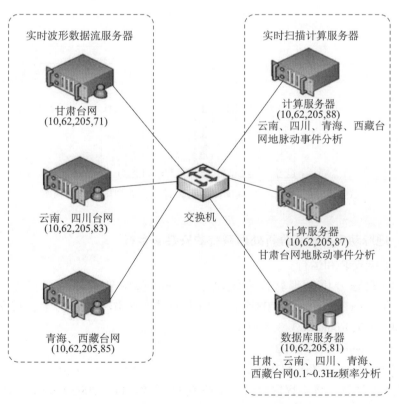

图 1.3.14　地脉动实时跟踪分析技术系统构成图

1.3.4.2 地脉动实时跟踪分析处理软件系统

地脉动实时跟踪分析处理软件系统分为服务器端和客户端两部分。该软件基于 C/S 多层架构，从下到上第一层为数据源层，即连续地震波形数据库或连续地震波形归档文件；第二层为业务逻辑层，根据特定的算法对连续地震波形进行扫描，识别出地脉动信息；第三层为存储层，数据库存储扫描到的地脉动信息；第四层为展示层，通过分析处理客户端软件进行统计和绘图来展示处理结果。扫描得到的地脉动信息和频谱信息存储在基于 Oracle 10g 的计算结果数据库中。

服务器端，即地脉动信息与频谱信息自动扫描识别软件，其主要功能是连续扫描甘肃、云南、四川、青海、西藏 5 个台网的地震连续波形数据，根据特定的算法和阈值识别地脉动信息，跟踪地震波特定频段的频谱信息，将识别到的地脉动事件和频谱信息截取出来存储在计算结果数据库中，并进行进一步的分析和处理。服务器端 24 小时连续运行，准实时对 Jopens 系统的台网连续地震波形数据库进行自动扫描计算。服务器端也可以批量处理台网或台站的连续地震波形归档数据，支持对 SEED、SAC、EVT 格式的历史归档数据进行处理。

客户端，即地脉动信息人机交互分析处理系统，其主要功能是对服务器端自动扫描到的地脉动信息和地震波形频谱信息进行浏览、筛选、统计、计算、绘图、分析等，图 1.3.14 为地脉动短临预测实时跟踪分析客户端主要功能结构图。

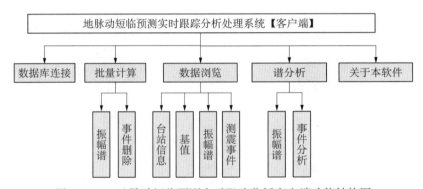

图 1.3.14 地脉动短临预测实时跟踪分析客户端功能结构图

1.3.4.3 地脉动实时跟踪分析处理系统的安装和运行

（1）服务器端安装和运行。

地脉动实时跟踪分析处理软件系统基于 Microsoft. NET. Framework 3.5 开发，运行在 Windows 2003 Server 或 Windows 2008 Server 64 位版本的操作系统平台上，需安装以下组件：

①Microsoft. NET. Framework 3.5 SP1；

②MySQL Connector Net 6.1.2；

③Oracle Data Provider for. NET。

安装完以上组件后，将主程序目录 EWAS 拷贝到 Windows 2003 Server（或 Windows 2008 Server）下的任一逻辑磁盘下，并在根目录下创建 result 和 seed 目录。连续地震波形地脉动自动识别软件（图 1.3.15）目录 EWAS 下有主程序文件 EWAS. exe、ORACL 数据库组件

Oracle. DataAccess. dll 和 Config 配置文件目录，内有以下 4 个配置文件：

①DbConfiguration. xml 数据库配置文件；

②FilterConfiguration. xml 滤波器配置文件；

③RunConfiguration. xml 运行参数配置文件；

④StationList. xml 处理台站列表。

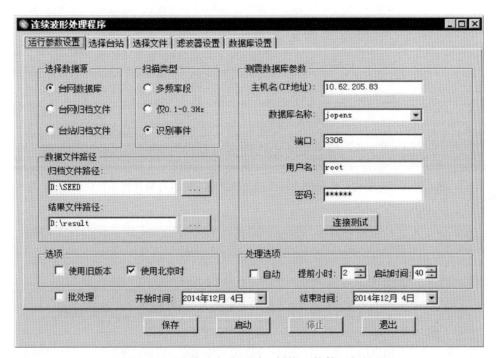

图 1. 3. 15　地脉动自动识别（扫描）软件运行界面

（2）客户端软件安装部署。

运行时环境：Microsoft. NET. Framework2. 0 或以上版本。

Oracle 10g 客户端：OracleXEClient. exe。

客户端系统文件：①ICSharpCode. SharpZipLib. dll；②Parameters. xml；③stationInfo. dat。

（3）地脉动短临预测实时跟踪分析处理系统。

完成运行时环境和 Oracle 10g 客户端的安装后，将客户端系统文件拷贝至电脑任一目录下，双击"地脉动短临预测实时跟踪分析处理系统_ V3. 6. 7. exe"即可运行。软件运行界面如图 1. 3. 16 和图 1. 3. 17 所示。

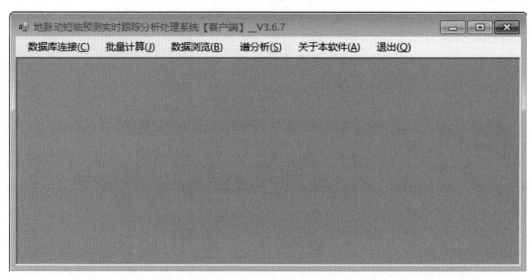

图 1.3.16　地脉动短临预测实时跟踪分析处理系统客户端软件运行启动界面

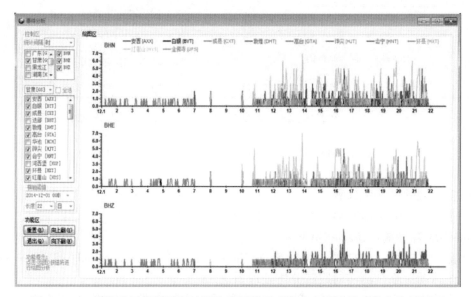

图 1.3.17　地脉动短临预测实时跟踪分析处理系统客户端地脉动信息分析界面

1.3.5　小结

　　临震预报是地震预报研究和实践中难度最大、最具挑战性的工作。立足现有基础，推进临震预报的发展，具有重要的科学和实践意义。利用数字地震资料进行地震临震预报的研究和探索，是地震预报研究领域的一个重要方向。

　　一般来讲，地脉动记录蕴含着丰富的信息，可以有效记录到爆破、塌陷、台风、雷雨等环境变化，也可能记录到微破裂、地壳变化、地震孕育相关联的复杂波形及信息等，对探索震前介质性质的变化、寻找可能的临震微破裂具有实际价值。

本节所述工作以连续地脉动记录为基础，以汶川、玉树等强震为研究对象，通过反复比对，尝试识别和提取强震前临震阶段可能存在的异常现象，归纳起来，开展的主要工作和取得的主要进展如下：

（1）通过对汶川、玉树、青川等强震临震阶段地脉动记录所蕴含的事件进行反复比对研究，初步识别出了临震波动现象。该现象在多次地震临震前出现，有可能是临震阶段震源的微破裂，对其深入的研究可能具有特殊的意义。

（2）归纳出了强震临震时间、地点、强度判据指标。即以临震波动及其活动度为跟踪目标，当临震波动活动度出现异常变化时，则预测以出现异常变化的台站为中心，50km 为半径的区域未来 15 天左右时间可能发生强震。

（3）自行设计了"数字化地脉动短临预测动态监控与实时跟踪分析技术系统"，该软件系统通过了专家组的验收，并申报国家软件著作权。

（4）依托"数字化数字化地脉动短临预测动态监控与实时跟踪分析技术系统"建立了覆盖青藏高原地区的实时震情动态监控和跟踪分析系统，将甘肃、四川、云南、西藏、青海等省（区）局 200 余个宽频带数字地震台站的实时地脉动波形资料，实时传输到兰州，实现了对青藏块体地震活动动态监控、跟踪。利用该系统，对 2011 年 6 月以来青藏块体的震情实现了实时跟踪，并通过期间发生的近 20 次 5 级以上地震的震例检验了临震波动现象的重现性，完善了临震预报判据。

（5）开展了对地震、爆破、塌陷、环境施工等事件频谱特征的研究，用以排除地脉动环境干扰，取得了较好的效果。

参 考 文 献

陈颙．用震源机制一致性作为描述地震活动性的新参数．地球物理学报，1978（2）：142～159

刁桂苓，李志雄，王晓山，等．大震前显示的地震震源机制趋于一致的变化．地震，2010（1）：108～114

冯德益，陈化然，丁伟国．大震前地震波频谱异常特征的研究．地震研究，1994，17（4）：319～329

冯德益，潘琴龙，郑斯华，等．长周期形变波及其所反应的短期和临震地震前兆．地震学报，1984，6（1）：41～56

冯德益．近地震 S、P 波振幅比异常与地震预报．地球物理学报，1974，17（3）：140～154

郭履灿，杨冬梅，胡常忻，等．用数字化地震和模拟地震记录判别前震与前震系列的研究．山西地震，1998，3～4：11～16

胡小刚，郝晓光，薛秀秀．汶川大地震前非台风扰动现象的研究．地球物理学报，2010，53（12）：2875～2886

万永革，沈正康，盛书中，等．大震前地壳内应力方向趋于集中的地震学研究．国际地震动态，2009（4）：71

万永革．美国 Landers 地震和 HectorMine 地震前震源机制与主震机制一致现象的研究．中国地震，2008（3）：216～225

王俊国，刁桂苓．千岛岛弧大震前哈佛大学矩心矩张量（CMT）解一致性的预测意义．地震学报，2005（2）：178～183

杨立明，王建军，冯建刚，等．汶川地震前地脉动低频波动现象及其应用的初步研究．中国地震，2009，25（4）256～366

张天中，马云生，黄蓉良，等．1995年陇河地震前后小震震源参数及其相互关系．地震学报，2000，22（3）：233～240

周龙泉，刘杰，张晓东．2003年大姚6.2和6.1级地震前三维波速结构的演化．地震学报，2007，29（1）：20～30

Chen C H, Wang W H, Teng TL. 3D velocity structure around the source area of the 1999 Chi～Chi, Taiwan, earthquake: before and after the mainshock. Bull. Seism. Soc. Am. , 2001, 91 (5): 1013-1027

Chepkunas L S, E A Rogozhin, V I Benikova. Spectral characteristics of foreshocks preceding major earthquakes of the Kurile-Kamchatka Arc and their application to the prediction of the main shock time. Russian Journal of Earth Sciences, 2001, 3 (3): 235-245

Lin F C, Ritzwoller M H, Snieder R. Eikonal tomography: Surface wave tomography by phase front tracking across a regional broad-band seismic array. Geophys. J. Int. , 2009, 177, 1091-1110

Nadeau RM, Dolenc D. Nonvolcanic tremors deep beneath the San Andreas Fault. Science, 2005, 307 (5708): 389-389

Obara K. Nonvolcanic deep tremor associated with subduction in southwest Japan. Science, 2002, 296 (5573): 1679-1681

PayeroJS, KostoglodovN, ShapiroT, et al. 2008. Nonvolcanic tremor observed in the Mexican subduction zone. Geophys. Res. Lett. , 2008, 35: L07305, doi: 10. 1029/2007GL032877

PetersonC, ChristensenS, McNuttJ. Freymueller. Nonvolcanic tremor in the Alaska/Aleutian subduction zone and its relation to slow-slip events. Eos Trans. AGU, 87, Fall Meet. Suppl. , Abstract 2006, T41A-1550

Rogers G, Dragert H. Episodic tremor and slip on the Cascadia subduction zone: The chatter of silent slip. Science, 2003, 300 (5627): 1942-1943

Zhao, D. , Kayal J. R. Impact of seismic tomography on Earth sciences. Current Science, 2000, 79, 1208-1214

第二章 数字形变数据异常识别和报警技术

针对国家地震"十五"前兆观测网络中地应变、地倾斜、定点重力等观测资料及地壳运动观测网络项目中 GPS 连续观测站资料，本章通过前兆指标提取及解算 GPS 基线、应变参数、单点 GPS 坐标序列等，在震例研究基础上，获取地震中短期、短临前兆的识别方法，探讨应用形变前兆进行地震预测的技术，形成前兆效能评估的技术规范，完成数字形变前兆资料分析处理模块。

2.1 数字形变前兆观测震例

2.1.1 震前变形异常信息

本节收集整理了强地震前地倾斜、应变等前兆变化的资料，特别是对国内外发表的文献资料进行了较全面的收集。主要的认识在于：基于扩容扩散和扩容引起的摩擦滑动模型（Nur，1972；Mjachkin et al.，1975；Rummelet al.，1978；Dubrovskiy et al.，2006），地倾斜、应变观测等被认为是监测地壳垂直位移和捕捉地震前兆的重要手段，许多学者都十分重视地震前的地倾斜应变变化的研究（Johnston et al.，1974；Mchugh，1978；Mortensen et al.，1980；Mogi，1985）。一些研究结果表明，短期地倾斜和应变加速变化信号反映了附近断层的无震滑动（蠕变），蠕变会导致那些不容易发生滑动的区段发生地震（Johnston et al.，1974，1978，1990；Mortensen et al.，1980）。这些研究结果表明，短期前兆异常往往会远离相关地震震中，震中附近可能较难观测到显著的异常变化。在对一些小地震前形变加速变化的研究中，某些异常距离地震震中不到几千米，但它很难达到 0km（Rikitake，1975；Niu，2003），Johnston（1974）在震源尺度 10 倍距离内，也很难观测到显著的短期异常；对于大地震，异常台站与地震震中震中距离分布更复杂，越是靠近震中，震前形变变化量越小。所以，在震中区能否找到显著的异常一直是国内外前兆问题争论的焦点（Johnston et al.，1990；Linde，1992；Amoruso，2010；Niu et al.，2012；Mogi，1985；Niu et al.，2003，2012）。

强地震震前形变异常的特征有多种形式，最主要的包括潮汐畸变、速率异常等。结合震前变形特征研究，本章对近些年来数字化形变变化特征进行了收集、整理与分析，探讨了震前异常特征分布。通过对历史地震震例的分析研究，提出了地形变前兆面临的一些科学问题，即如何反映震源区域应力应变状态的变化，如何描述形变变化的正常状态等。

2.1.2 大地震前形变异常主要特征

依据形变异常变化速率，震前形变异常的特征可分为两种，一是潮汐畸变，二是变形速率的变化。潮汐畸变是一种短时间持续的前兆现象，包括脉冲、曲线变粗、短时突跳等，基本不会引起趋势变化，而变形速率变化则包括具有一定时间持续的趋势转折或破年变等。这里将展示芦山地震、岷县漳县地震、前郭和鲁甸等地震前的数字形变异常情况。

2.1.2.1 芦山地震前形变异常现象

2013 年 4 月 20 日 8：02 时四川雅安芦山地区发生 M_S7.0 地震，该次地震前，靠近震中的雅安形变台及附近的姑咱形变台都记录到了形变速率的改变。

该区域内有雅安台金属摆倾斜仪，姑咱台重力、钻孔应变、洞体应变和水管和垂直摆倾斜仪。

（1）雅安台水平摆倾斜。

距离芦山地震震中最近的连续形变观测点是雅安台。该台位于龙门山断裂带南部。水平摆地倾斜观测在洞室内进行，由于洞室湿度较大，潮汐观测结果不太清晰，短时突跳较多，但长期变化趋势较为稳定，年变化较清楚。为获得较稳定的趋势，这里对记录到的数据采用众数的方法进行了预处理。借助地倾斜观测中的 NS 向和 EW 向分量数据，计算出地倾斜矢量模量，应用傅里叶周期分析方法提取年周期变化。其结果发现，震前地倾斜矢量模量年变幅度检测到下降现象（图 2.1.1）。

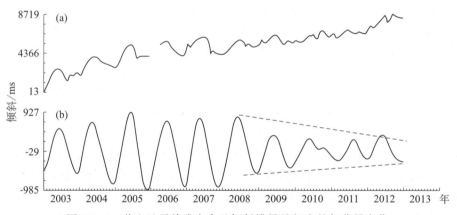

图 2.1.1 芦山地震前雅安台地倾斜模量及相应的年分量变化

（2）姑咱台重力。

该台距震中 80km。对姑咱台定点重力观测数据，应用傅里叶周期分析方法提取的年周期变化曲线表明，重力年周期分量在 2004～2005 年、2010～2011 年扰动幅度较大，然后逐年变小，之后分别发生了汶川地震和芦山地震（图 2.1.2）。

（3）姑咱台重力潮汐因子。

姑咱台重力 M_2 波潮汐因子计算结果显示，自 2013 年开始该台站出现潮汐因子少量增加的现象，但该现象在以往亦出现过多次，因此，该站的重力潮汐因子在 2013 年芦山地震前不明显，较为突出的是该台站相位滞后同时段出现了较为显著的增加（图 2.1.3）。

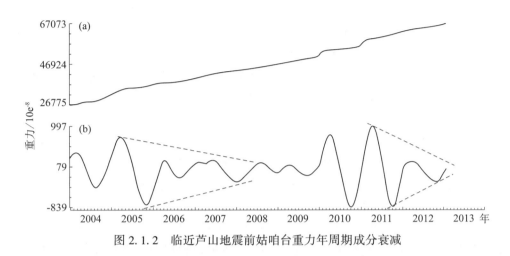

图 2.1.2 临近芦山地震前姑咱台重力年周期成分衰减

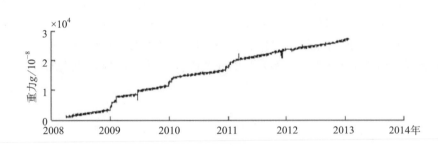

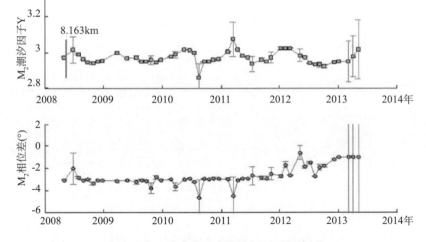

图 2.1.3 姑咱台重力潮汐因子时间序列

距离 2013 年芦山 7.0 级地震 100km 的成都台重力 M_2 波潮汐因子计算结果显示，2012 年年中开始该台站出现潮汐因子也出现一定程度的增加，但不十分明显。潮汐相位同时段呈现下降趋势变化。

2.1.2.2　玉树地震震前形变现象

　　玉树地震台位于巴颜喀拉山南麓及唐古拉山东端、青海省玉树藏族自治州政府所在地结古镇，距离玉树地震的破裂带 2km。该台地倾斜仪于 2007 年 1 月开始架设，2007 年 7 月 1 日正式投入观测。该台地倾斜水平摆倾斜仪（SSQ-2）安装于玉树地震台北侧山洞内，山洞总长 30m，进深 28m，洞内岩石为花岗岩，岩石比较坚硬完整。该台形变观测面临的主要问题是电力供应不稳定，常用 UPS 与发电供电，因而缺数现象较多。其中 2009 年 12 月，缺 4 天；2010 年 1～4 月分别缺 2 天、0 天、8 天和 4 天。受 2010 年 4 月 14 日玉树 M_S7.1 地震的影响，该台地倾斜仪震坏停测。

　　针对该台缺数情况，我们对地倾斜观测数据进行了必要的处理。首先忽略变化不稳定的数据点（由于停电或电力恢复），将背景性变化数据进行手工连接，可得到相对较稳定的趋势变化。然后，通过将分钟值采样转变为小时采样，可减少待插值数据点的数量。图 2.1.4 展示了自 2008 年 1 月至 2010 年 4 月 14 日地震前 NS 向与 EW 向地倾斜、地下水及气压的变化图像。不难看出，自 2008 年开始，该台 EW 向地倾斜变化的年变周期特征较稳定，年变幅度基本维持在 2200ms 至 2800ms 范围内，震前曲线较为光滑。NS 向年变周期特征不明显，2009 年年变幅度显著增大。其中 2009 年 7 月前后快速南倾，与该地区 7 月 6 日前后强降雨过程有关。降雨期间，河水暴涨，在台站南面约 1km 的河流载荷变化是引起该台南倾及该台地下水位显著增加的主要原因。2009 年 8 月至震前，该方向倾斜变化较为平稳，无显著的异常变化。

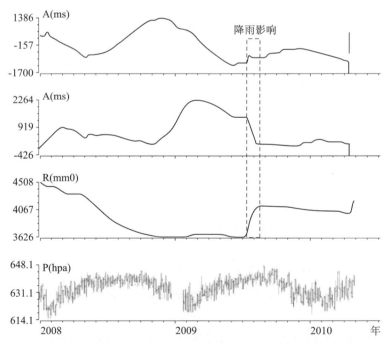

图 2.1.4　玉树地震台 EW 向与 NS 向地倾斜、地下水位与气压变化

虚线表示该地区强降雨前后地倾斜与地下水位的变化，箭头表示玉树地震发生时刻

　　震前 1 个月、2 天及 2 小时该台地倾斜的变化结果表明，EW 向与 NS 向的倾斜潮汐变化较为清晰，除个别地震引起的同震变形外，趋势变化较为稳定。类似于汶川台资料分析的方法，包括潮汐因子及相位计算、滤波等方法，均未检测到显著的异常。

　　由于该台站数字化改造在 2007 年底完成，至震前，积累的资料长度相对较少。为此，将在提取年周期变化成分（$T=365$ 天）的基础上，还增加了半年周期成分（$T=182$ 天）计算，对地倾斜矢量模进行小波分析，从而提取相应的半年周期和年周期成分变化结果。图 2.1.5 给出了倾斜矢量模及半年、年周期周期成分变化的结果。该结果同样展示了震前周期变化逐渐减小现象。

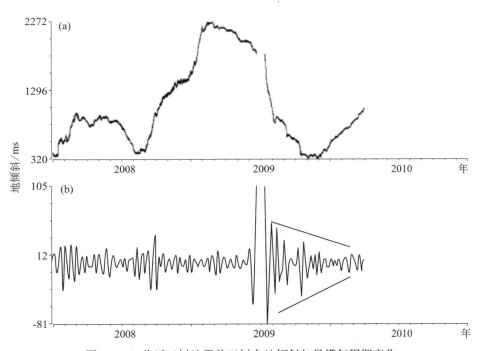

图 2.1.5　临近玉树地震前玉树台地倾斜矢量模年周期变化

　　该台钻孔应变仪（YRY-4）探头整体位于岩性相对完整的基岩上，钻孔深度 40.2m，基岩埋深 3.6m，探头位置孔径 132mm，2006 年 8 月开始钻孔应变仪器安装，2007 年 7 月 1 日正式观测。该场地钻孔应变第一至第四分量相对北向方位角分别为 -44°、1°、46° 和 91°。

　　该台钻孔应变观测的第一和第三分量探头分别为与地震破裂带平行和垂直。两个应变分量在玉树地震前均未表现出显著的短期异常变化。图 2.1.6 给出了该台钻孔应变 4 分量震前 2 个月原始数据记录结果，从 4 个应变分量变化趋势来看，除震前 3 月 28 日记录到 $M_S7.2$ 远场地震响应及 4 月 7 日小震影响外，震前无显著的前兆异常变化。

　　该台 4 个应变分量满足自检，对其中 1+3 分量计算结果展示于图 2.1.7。不难发现，汶川地震后，压缩速率显著增加，2000 年 6 月后，特别是在显著降雨后，应变速率没有显著变化。地震后，应变显著释放，释放的幅度与汶川地震后压缩的幅度基本相当。

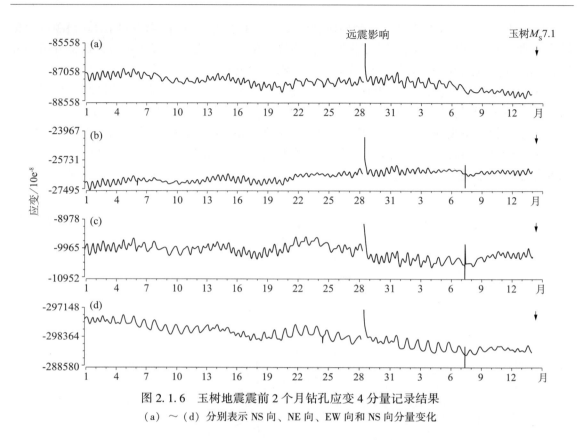

图 2.1.6　玉树地震震前 2 个月钻孔应变 4 分量记录结果

（a）～（d）分别表示 NS 向、NE 向、EW 向和 NS 向分量变化

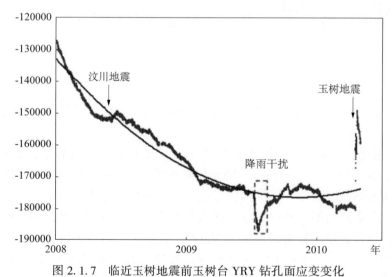

图 2.1.7　临近玉树地震前玉树台 YRY 钻孔面应变变化

2.1.2.3　岷县漳县地震震前变形异常

2013 年 7 月 22 日 7 时 45 分在甘肃定西岷县漳县附近（北纬 34.5°，东经 104.2°）发生 6.6 级地震。该次地震前，周围数字化形变记录仪未观测到显著的异常，个别异常与降雨关

系较密切。

震中附近形变 300km 范围内共有 16 个台站，69 个测项。0～100km 范围内有武山地震台钻孔倾斜和宕昌洞体应变、水管倾斜；100～200km 范围内兰州十里店地震台水平摆、洞体应变、水管、钻孔倾斜，临夏钻孔应变、钻孔倾斜，宝鸡上王地震台洞体应变、水管倾斜，两水地震台钻孔倾斜，海原小山钻孔应变、钻孔倾斜，泾源形变洞体应变、水管和垂直摆倾斜；200～300km 范围内有白银地震观测站洞体应变、水管倾斜，英鸽（台阵）钻孔倾斜、体应变，寺滩综合（台阵）钻孔倾斜、体应变，固原海子峡体应变，汉中地震台（南郑813厂）洞体应变、水管、垂直摆，同仁洞体应变、水管，松潘垂直摆，乐都水平摆、钻孔应变。其分布见图 2.1.8。

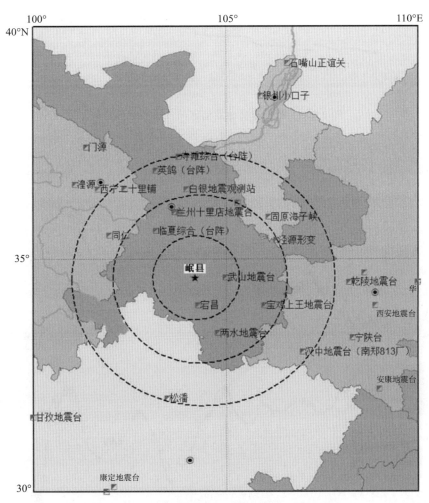

图 2.1.8 岷县漳县地震周围数字形变台站分布

在 100km 范围内，仅在宕昌台能观测到一定幅度的倾斜与应变异常（图 2.1.9，图 2.1.10），但倾斜在震前变化稳定性较差。震前对应变仪也进行了检修，这些都影响观测异常的信度。

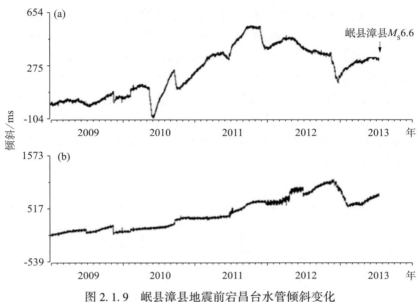

图 2.1.9　岷县漳县地震前宕昌台水管倾斜变化

（a）、（b）分别表示 NS 向与 EW 向分量

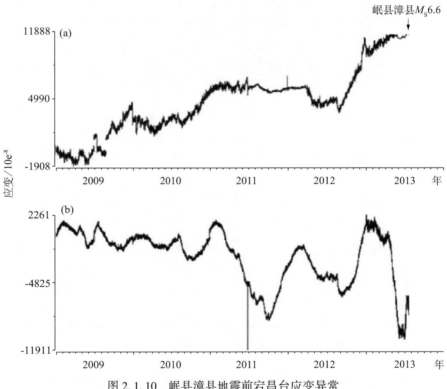

图 2.1.10　岷县漳县地震前宕昌台应变异常

（a）、（b）分别表示 NS 向与 EW 向分量

100～200km 范围内，海原小山钻孔应变临近岷县漳县地震前出现异常。

海原小山钻孔应变观测点位于宁夏海原南华山自然保护区内，地理位置北纬36.5°、东经105.6°，高程2220m。海原小山钻孔应变架设于2007年9月，为"十五"数字化观测项目。架设之初，资料变化速率较大，2008年后逐渐稳定，整体表现为张性变化。海原小山钻孔应变在2013年7月22日甘肃岷县漳县6.6级地震前出现过为期4天的下降变化（图2.1.11），值得说明的是，下降之初（8日）海原出现暴雨天气，钻孔应变出现4个分量同步异性变化。

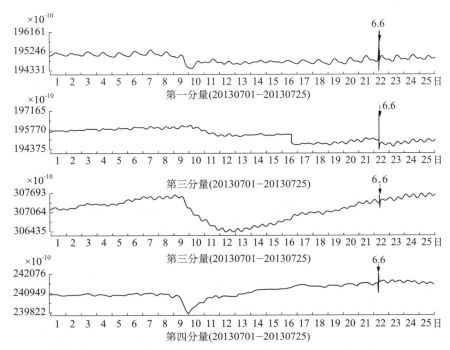

图 2.1.11　海原钻孔应变在甘肃岷县漳县 6.6 级地震前的变化

泾源洞体应变等其他台站形变震前未观测到显著的异常。

2.1.2.4　前郭地震前形变异常

2013年11月23日6：04松原市前郭尔罗斯蒙古族自治县发生5.8级地震。地震周边形变台站分布见图2.1.12。地震前，震中100km范围内没有形变台站。震前最显著的异常是丰满垂直摆倾斜，该台距离震中130km左右。

该台垂直摆倾斜在2013年7月开始呈现加速南倾，加速阶段幅度达680ms，异常持续时间约2个月（图2.1.13）。

吉林丰满地震台位于吉林市东南郊丰满区松花湖水库大坝西北2km处的石碴山山腰，距吉林市中心20km。吉林丰满地震台所在行政区地貌类型上属于低山丘陵区，地势自东南向西北降低，高差在400～500m之间。丰满台所处的大地构造为东北断块区的老爷岭—张广才岭断块隆起带的中南部，位于北东向伊通—舒兰断裂带与敦化—密山断裂带之间，另外，

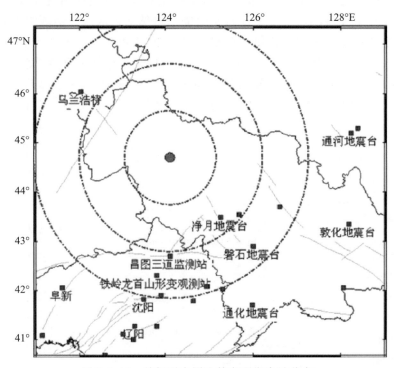

图 2.1.12　前郭震中周边数字形变台站分布

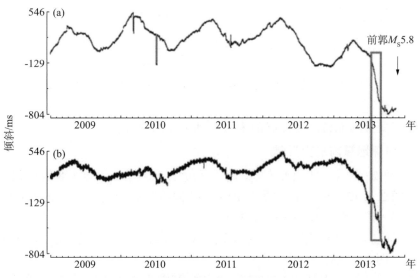

图 2.1.13　前郭地震前丰满垂直摆倾斜异常

（a）、（b）分别表示 NS 向与 EW 向分量

附近有北西向第二松花江断裂带经过，沿江分布有北西向第二松花江断裂带的次级断层。该地震台正好处于北西向第二松花江断裂带与北东向阿什—口前断裂的交会处。

震前异常核实结果表明，丰满台垂直摆 EW 向 2013 年破年变期间，无明显的环境变化和人为干扰影响，仪器工作正常，无明显气压、降雨、温度等气象因素变化。

双阳台水管倾斜、垂直摆倾斜等震前短期内未观测到显著的异常变化。

2.1.2.5　鲁甸地震震前数字形变异常

2014 年 8 月 3 日 16：30 云南昭通鲁甸发生 M_S6.5 地震。震中位置及附近形变台站分布见图 2.1.14。其中▲表示定点台站，■表示跨断层测点，震中向外三个圆圈依次表示半径为 100km、200km 和 300km。在半径 300km 范围内共有 11 个定点台站，包含 59 个测项，其中数字形变异常台站有三个，为金河台和昭通台钻孔应变及攀枝花南山台垂直摆倾斜。

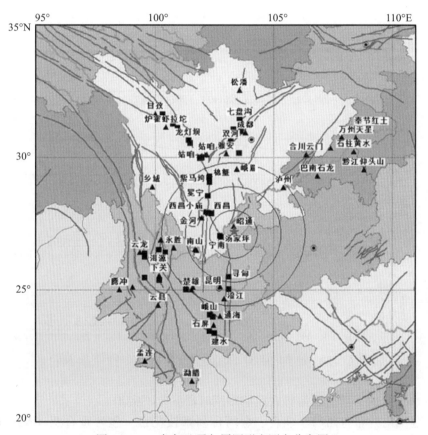

图 2.1.14　鲁甸地震与周围形变测点分布图

震中 100km 范围内分布有昭通地震台。观测项目分为钻孔应变（4 个分量）、洞体应变（NS、EW）、水管（NS、EW）、水平摆（NS、EW）和重力。

图 2.1.15 为昭通台钻孔应变 4 个分量年动态观测曲线，其中第二分量（EW）在 2012 年4 月有一持续压性（向下）变化过程，这不符合仪器的自检条件，说明这一分量元件出现了

某种问题。由图 2.1.15 可以看出，昭通台钻孔应变与井水位年动态曲线、降雨量的关系较密切，反映了钻孔应变与水位的年动态具有同步性，即水位上升探头受压（曲线下降），这与降雨量集中时段相对应。这些异常可能与 8 月 3 日鲁甸 $M_\mathrm{S}6.5$ 地震有一定的关系，但作为前兆的可信度不高。

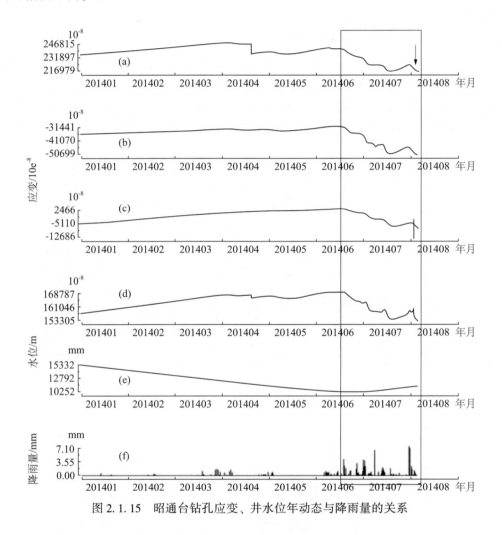

图 2.1.15　昭通台钻孔应变、井水位年动态与降雨量的关系

昭通台水管倾斜、垂直摆倾斜在震前短期时段异常不突出。

200km 范围内分布有西昌小庙台、金河台和攀枝花台。包含垂直摆（NS、EW）、洞体应变（NS、EW）、水管（NS、EW）、钻孔应变（4 个分量）观测项。金河台包括有钻孔应变（4 个分量）。攀枝花台包括马兰山金属摆（NS、EW）、地龙井金属摆（NS、EW）及南山台垂直摆。

金河台钻孔应变观测第二、三分量在 7 月初（震前 1 个月）有一持续张性过程（图 2.1.16）。

攀枝花南山垂直摆有一短时畸变（图 2.1.17）。其他台站或测项未观测到显著异常。

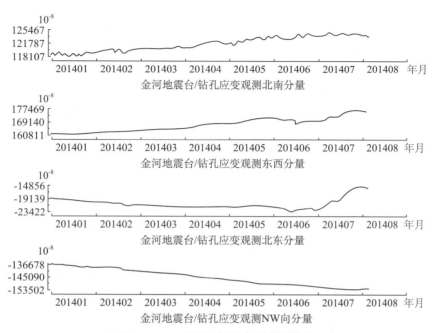

图 2.1.16 金河台钻孔应变观测曲线

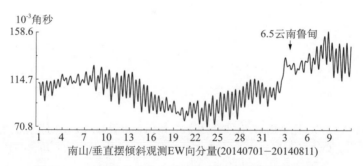

图 2.1.17 攀枝花南山台垂直摆倾斜临震前固体潮畸变

12 个跨断层场地中，有 8 个异常，这里不详细描述。

从对震前形变异常特征及空间分布情况来看，地震前形变异常特征呈现多样性，主要反映在时间尺度和速度变化上。异常持续时间有长有短，幅度有大有小，因此需要对异常进行分级分类。异常在空间上的分布多远离震中区域，近震源区较少观测到显著异常，因此，还不能简单地以异常出现地点进行未来震中预测。

2.1.3 异常分级分类

从对强地震前地形变前兆记录数据分析发现，震前异常有多种形式，从潮汐短时脉冲突跳、扰动到较长时间的突变等；异常指标具有多样性，从残差、速率、频次到潮汐因子计算等。为客观认识震前变形的特征及满足建立异常与地震间关系的需要，对异常进行分级分类是必要的。不同依据异常类型及信息产出结果，可将异常分为三级，每级内都可分多种异常类型。

2.1.3.1　一级异常

指依据原始形变数据进行直接分析出现的异常，其中包括：

（1）突变型。在各种异常中，最突出的异常为突变异常，该类异常通常在短时间内（几天至几个月）有显著的速度改变。图 2.1.18 给出了昆仑山口西地震前攀枝花南山台水管倾斜 EW 向变化的记录曲线。由该图可知，自 2001 年 11 月 12 开始，东向倾斜速度显著增加。

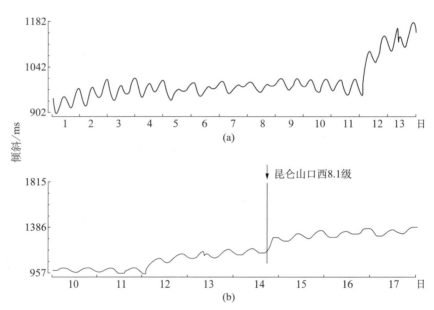

图 2.1.18　昆仑山口西地震前攀枝花南山台水管倾斜 EW 向变化曲线

（a）EW 向分量（2001.11.1～13）；（b）EW 向分量（2001.11.10～17）

突变类异常通常具有较清晰的特征，包括起始时间、结束时间、异常幅度等信息特征，这些特征具有一定的确定性与唯一性。

（2）突跳型。该类异常主要是指包括单点或多点脉冲等，或主要是由持续周期较短的脉冲扰动等组成。引起突跳异常的原因较多，其中包括标定、掉格及可能的前兆异常。图 2.1.19 给出了常熟台水管倾斜由标定引起的异常图例。

（3）震荡型。该类异常主要是指短时间内（几天或几个月）的非稳定性扰动。图 2.1.20 给出了 1998 年 1 月 10 日河北张北 $M_S6.2$ 地震前 2 小时，怀来台体应变仪记录到的临震前压性脉冲型异常。异常幅度达 $4.56×10^{-8}$，持续时间约为 120min。

（4）收缩型。该类异常突出特征是在某段时间其年变化或月变化幅度逐步减小，典型的异常形式如倾斜矢量打结。图 2.1.21 给出了芦山地震前后江油台地倾斜矢量的变化。由图可知，震前震后矢量运动变化特征有较大改变，地震前矢量存在打结现象，震后矢量加速

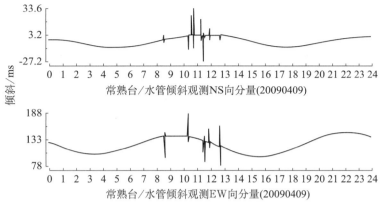

图 2.1.19　常熟台水管倾斜标定引起的突跳现象

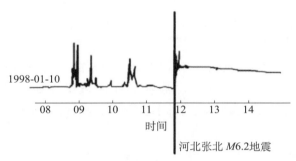

图 2.1.20　张北地震前怀来台体应变变化

变化，结被打开。另外，人员干扰等因素也可引起类似的变化，图 2.1.22 为张家口台人员 2014 年 7 月 14 日下午 4：00—6：00 出入山洞施工引起的异常。

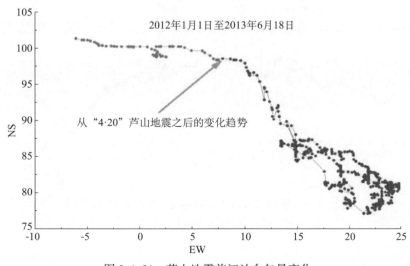

图 2.1.21　芦山地震前江油台矢量变化

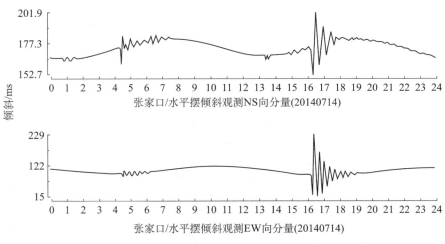

图 2.1.22　张家口台人员出入山洞引起的水平摆倾斜干扰

（5）趋势转折。该类异常主要指在长期趋势稳定基础上出现的转折变化或速率显著改变。该类现象较多，其中之一是强地震后在某些区域出现的趋势性转折或应力调整。图 2.1.23 给出了攀枝花台石英摆倾斜在汶川地震后出现的趋势转折变化。

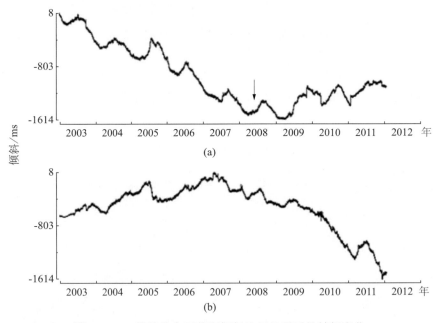

图 2.1.23　攀枝花台石英摆倾斜汶川地震后的转折变化
（a）、（b）分别表示 NS 向与 EW 向分量

2.1.3.2　二级异常

系指依据对一级异常进行数学处理和模型计算提取的指标参数异常。该级异常主要包括时间域和频率域分析得到的物理、统计参数等，可分为：

（1）月或年变化量、变化速率、潮汐因子、响应比等物理参数异常等。

（2）各种滤波方法（残差）给出的异常。

2.1.3.3　三级异常

系指对二级异常指标进行再次处理得到的参数或异常判别指标，可分为：

（1）各种异常指标的再分析。如熵率分析、异常频次等分析。

（2）其他有关的信息合成指标等。如有序度等。

值得说明的是，关于异常分类可以有多种方法，按级分类给出了一种最简介的方法。如一级异常中，对异常类别的划分都是可以较容易判别的。

综观国内外发表的有关论文及汶川地震后我国重点地区强地震前数字形变异常分布特征可以发现，震前异常的种类呈现多样性，从潮汐短时畸变、突变到计算得到的相关参数异常等。为满足进行信息统计、建立异常与地震间关系及震情分析的需要，首先需要对异常进行分级分类，其中一级异常、二级异常是异常识别及前兆研究的主体。其次，震前形变异常与地震间具有隐性、非直接的联系。震前出现的异常与地震是否相关，实际上也是地震预报研究的基础问题，但没有提出更好的办法；从观测手段来看，倾斜应变等观测技术及原理都是合理的，但其变化却是复杂的；越靠近震中震前可能越观测不到显著的异常变化，而远处异常可能较丰富。最后，由于形变数字化数据量的极大增长，对各种异常的识别需要耗费巨大的人力。在这种情况下，对数字形变异常进行自动提取报警，再进行地震形势分析在当前是十分必要的。

2.1.4　数字形变观测原理

除地震波及潮汐引力波外，地壳内部还存在多种周期成分的应力扰动波，这些应力波通常以谐波的形式进行传播。每一谐波 w_i 都可以简单的数学形式进行描述，具有各自的振幅、相位：

$$w_i = a_i\cos(\omega_i t) + b_i\sin(\omega_i t) = A_i\cos(\omega_i t + \varphi_i) \qquad (2-1)$$

受观测仪器自身频响影响，当某一周期 ω_i 信号经过仪器传感器时都会产生增益 K_i，最后经仪器输出的观测量为

$$K_i A_i\cos(\omega_i t + \varphi_i)$$

对于各种周期的应力波，经仪器记录输出为

$$yt = \sum K_i A_i\cos(\omega_i t + \varphi_i) \qquad (2-2)$$

对于连续周期分布，考虑到观测仪器响应，其输出可描述为傅里叶变换的形式

$$F_{(\omega)} = \frac{1}{T} \int_{-T/2}^{T/2} K_{(\omega)} f_{(\omega)} e^{-i\omega t} \mathrm{d}t \qquad (2-3)$$

式中，$K_{(\omega)}$ 为仪器响应函数，$f_{(\omega)}$ 为应力波信号谱，或是地倾斜信号谱或地应变信号谱等。

除考虑观测仪器响应外，地应力波观测还包括场地效应及仪器-场地耦合作用，假定场地效应及仪器-场地耦合谱统一表述为 $C_{(\omega)}$，则实际观测到的应力波波谱表示为

$$F_{(\omega)} = \frac{1}{T} \int_{-T/2}^{T/2} C_{(\omega)} K_{(\omega)} f_{(\omega)} e^{-i\omega t} \mathrm{d}t \qquad (2-4)$$

因此，地应力波观测系统模型可表示如图 2.1.24 所示。

图 2.1.24　地应力波观测系统简图

从图 2.1.24 可知，受各种周期信号的波动传播速度及仪器响应、场地效应等因素的影响，各个观测点记录到的地倾斜、应变等变化实际上已不同于静力条件下观测所具有的意义。

各种周期的环境干扰（气压、气温、降雨等）等主要是通过地球浅地表变形来实现的，可以作为一个输入信号，其相应的输出谱为 $F(\omega)$，一般情况下，这种背景信号也参与了地震的孕育发生过程，理论上没必要进行信息滤除。

数据采集之前通常还要进行低通数字滤波等处理，以排除某些高频段的干扰。

地倾斜观测是反映地应力波传播最为敏感的手段之一，它可记录到地震波、潮汐波及多种周期黏弹性波等。为测量地面倾斜波动，国内外曾研制了多种观测仪器，形成多种测量方法。最简单的测量方法是工程上常使用的气泡法，但精度太低。为精确测量地倾斜潮汐变化，目前较常用的仪器包括水管倾斜仪（模拟记录为 FSQ 型，数字记录为 DSQ 型）、水平摆倾斜仪（JB、SQ 型）和垂直摆倾斜仪（JB、VS 型等），这些仪器测量精度较高，达 10-9～10-10，可精确测量地球倾斜固体潮潮汐。

地应变观测目前主要包括长基线伸缩仪（如洞体应变仪）、钻孔体应变仪和分量应变仪器。在同时有 3 个或 3 个以上应变分量观测情况下，可计算出相应的面应变、剪切应变、最大和最小主应变及方向。SSY 伸缩仪是精密测量地壳岩体两点间水平距离相对变化的仪器，适用于观测地壳应变和固体潮水平分量的连续变化，SSY 型伸缩仪主要用于硐体应变固体潮及地震前兆地应变监测与研究。也可用于大型精密工程、大型建筑、大坝等的应变测量。根据安装在钻孔仪器中腔体的体积变化可获得岩体体积的相对变化，即为体积式钻孔应变仪或

钻孔体应变仪。钻孔分量应变仪通常是指在应变探头内同时测量多个方向应变的仪器。美国钻孔分量 Gladwin Tensor Strain Meter（GTSM）应变仪在应变探头内通常有夹角为 60°的 3 个方向分量，而我国分量应变仪多是 4 个分量应变观测，彼此夹角为 45°，个别探头中还同时包括垂直向应变分量观测。各分量测量原理与洞体伸缩应变观测是一致的，差别主要在于测量基线长度及结构。

重力测量是与变形基本量相关的物理量，通常是由变形引起地壳物质密度变化。高精度重力观测是研究固体潮汐及地震前兆现象的一种重要手段。我国的重力固体潮汐观测开始于 20 世纪 60 年代末期，目前，用于固体潮潮汐与地震监测的主要是从德国 Askania 公司引入的 GS 型金属弹簧重力仪及我国研制的台站观测重力仪——DZW 型微重力仪。

除上述主要的连续观测手段之外，还有跨断层观测和 GPS 位移观测等。断层形变测量是通过直接测定断层两盘之间的水平距离和相对高差的微小变化，来确定断层的运动方式、运动速率及随时间的演变过程。

跨断层活动测量包括有水平分量和垂直分量。水平向分量原理上类似于应变测量，垂直向分量则类似于地倾斜测量。自 20 世纪 60 年代以来，我国在断层形变测量方面基本上形成具有自己的特色方法——三维观测布置方法，即跨断层布置两台水平方向观测仪器（其中一台与断层正交，另一台与断层成 30°～40°夹角）和一台垂直分量观测仪器。较常用的仪器为 MD 断层观测仪，MD4721 为水平测量仪，MD4472 为垂直形变测量仪。除此之外，还有数字水准仪、电子测距仪（EMD）等，测量原理均较为接近。

借助连续 GPS 观测手段，可解算 GPS 基线、区域应变、剪切应变等，以发现震前可能出现的地形变前兆。

2.1.5　小结

通过对芦山地震、岷县漳县地震、前郭和鲁甸等地震前的数字形变异常情况分析及国内外地形变前兆研究的进展发现，震前形变前兆异常特征呈现多样性，主要反映在时间尺度和速度变化上。异常持续时间有长有短，幅度有大有小，因此需要对异常进行分级分类，本章给出了一种简易的分级分类方法。异常在空间上的分布多远离震中区域，近震源区较少观测到显著异常，因此，前兆异常分布是较为复杂的，还不能简单地以异常出现地点进行未来震中预测。

2.2　数字形变前兆异常自动检测

由于数字化形变数据的巨量增加，对形变数据异常变化进行自动检测是必要的。为此，依据异常分类，重点对不同时间尺度的形变变化速率进行异常检测，并进行预警。

2.2.1　日尺度异常提取算法模型

2.2.1.1　功能

潮汐观测与固体潮理论值回归后，计算残差，判定最大残差与去漂移后观测潮汐的幅度的比值是否超过阈值。

（1）扣除日漂移信息。利用当天和前 4 天预处理数据，先做两次多项式拟合，扣除日漂移信息。

（2）剩余潮汐信息和理论潮汐曲线回归，取最大残差及去漂移后观测潮汐的幅度，二者相除后，判定是否超过判定指标的阈值。

2.2.1.2　输入

对当前天数前 4 天对应的时间和值数组、当前天的时间和值数组、当前天的理论固体潮汐，做缺数标记。

2.2.1.3　处理模型

潮汐观测与固体潮理论值回归后，计算残差，判定最大残差与去漂移后观测潮汐的幅度的比值是否超过阈值（图 2.2.1）。

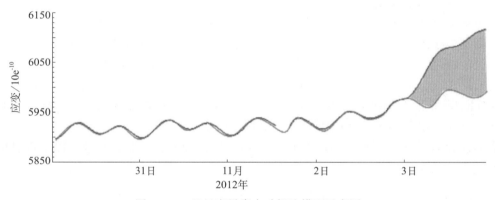

图 2.2.1　日尺度异常自动提取模型示意图

2.2.1.4　输出

异常判断"是"或"否"。

2.2.1.5　处理过程

（1）截取当前天数前 4 天对应的时间和值数组；

（2）对数据进行二阶曲线拟合，去除趋势项，得到观测固体潮信息；

（3）求取对应时段的理论固体潮；

（4）利用理论固体潮和观测固体潮，进行 Nakai 拟合，得到残差；

（5）判断该时段的残差是否超过设定阈值。

2.2.1.6　全时段扫描结果

设定异常指标后，可利用该方法对时间序列进行全时段扫描。从图 2.2.2 所示的黔江台垂直摆观测 NS 向分量的自动提取结果可以看出，对于某些淹没在趋势变化信息中的潮汐畸变信息，本方法可以较好地提取出来。这里选取异常指标为 0.6。

2.2.1.7　各台站异常指标列表

利用潮汐畸变类异常指标，初步定为观测潮汐幅度的 0.2 倍，对全国近 3000 个测项进行了扫描，分别给出了各测项异常判断指标。限于篇幅，这里不做过多描述。

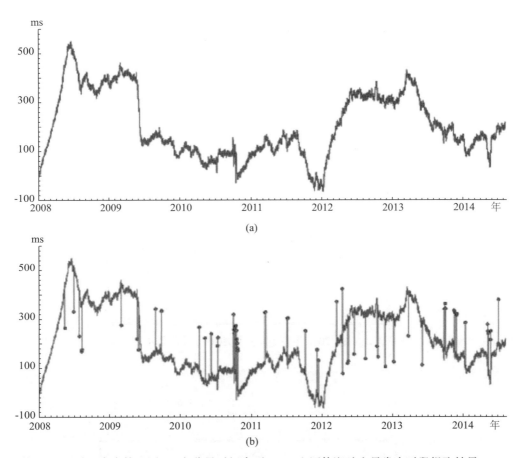

图 2.2.2　黔江台水管观测 NS 向分量时间序列（a）和固体潮畸变异常全时段提取结果（b）

2.2.1.8　日异常自动提取震例研究

（1）2013 年 4 月 20 日芦山 7.0 级地震。

利用该规则，本课题组研究了 2013 年芦山 7.0 级地震前 2 天的潮汐畸变现象。研究采用 4 月 10～17 日作为正常观测背景。结果表明，以 2013 年 4 月 10～17 日为中正常参考段，2013 年 4 月 17～19 日芦山地震周边出现潮汐畸变数据异常的点为姑咱台、黔江台、小庙台、南山台、洱源台、楚雄台。异常台站分布与地震之间的关系见图 2.2.3。

（2）2014 年 8 月 3 日鲁甸 6.5 级地震。

利用该方法，同样可给出 2014 年鲁甸 6.5 级地震前 2 天的潮汐畸变现象。采用 7 月 22～31 日作为正常观测背景，2014 年 8 月 1～3 日鲁甸地震周边出现潮汐畸变数据异常的点为黔江台、小庙台、南山台、楚雄台。异常分布与震中之间的关系见图 2.2.4。

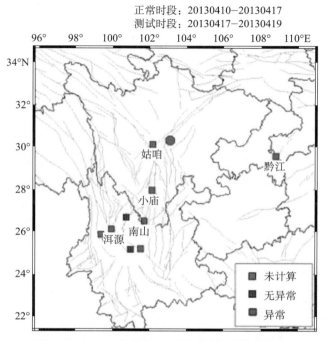

图 2.2.3　2013 年芦山 7.0 级地震前天异常分布

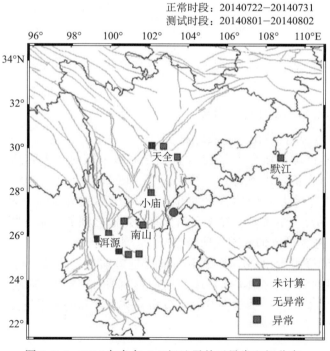

图 2.2.4　2014 年鲁甸 6.5 级地震前天异常空间分布

2.2.2　周尺度异常提取算法模型

2.2.2.1　功能

利用某周的形变数据，通过最小二乘直线拟合方法求取该周变化的斜率，采用同样的方法可求取之前 4 周数据的斜率平均值，如果本周斜率值与斜率平均值偏差超过设定阈值，则判定该周形变出现斜率异常。

2.2.2.2　输入

观测时序数据和异常指标。

2.2.2.3　处理模型

对输入数据利用最小二乘法进行线性拟合，依据用户给定的转折阈值判定是否为转折异常。图 2.2.5 以代县体应变为例，给出了周异常自动判别的示意图。

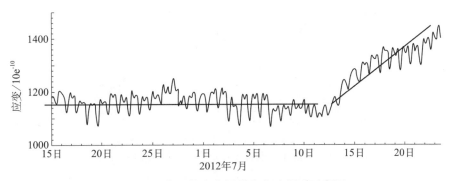

图 2.2.5　代县体应变周异常自动判别示意图

2.2.2.4　输出

异常判断"是"或"否"。

2.2.2.5　处理过程

（1）观测值数据进行归一化；
（2）截取当前天数前 4 周对应的时间和值数组；
（3）对数据进行一阶多项式拟合，求取斜率；
（4）截取本周数据，求取斜率；
（5）计算两斜率对应的角度变化，若超过设定阈值，判定异常，反之正常。

2.2.2.6　全时段扫描结果

设定异常指标后，可利用该方法对时间序列进行全时段扫描。图 2.2.6 给出了黔江台水管 NS 向周异常全时段扫描的结果。由该图可以看出，对于周时段异常，在设定阈值为 80 的情况下，其异常时段的分布可利用本方法进行异常的自动提取功能。

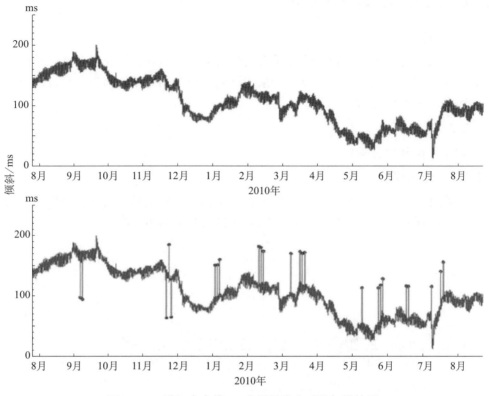

图 2.2.6　黔江台水管 NS 向周异常全时段扫描结果

2.2.2.7　周异常自动提取震例研究

（1）2013 年 4 月 20 日芦山 7.0 级地震。

利用该异常判定规则，本课题组研究了 2013 年芦山 7.0 级地震前 1 周的曲线转折现象。研究结果表明，2013 年 4 月 13～19 日，芦山地震周边出现观测数据周尺度异常的点为姑咱台、黔江台、小庙台、南山台、楚雄台（图 2.2.7）。

（2）2014 年 8 月 3 日鲁甸 6.5 级地震。

利用周异常判定指标，这里计算分析了 2014 年鲁甸 6.5 级地震前 1 周的异常分布。以 2014 年 6 月 29 日至 7 月 27 日为正常时段，选取周斜率指标 60，2014 年 7 月 27 日至 8 月 2 日鲁甸地震周边周尺度倾斜形变异常台站有小庙台和楚雄台（两套倾斜仪）。异常台站分布与地震见图 2.2.8。

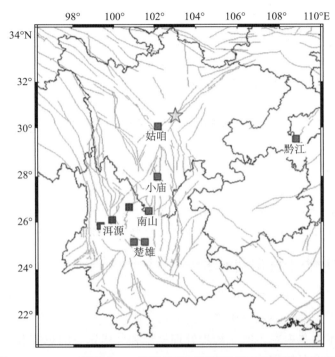

图 2.2.7　2013 年芦山 7.0 级地震前地震周边周尺度倾斜异常分布

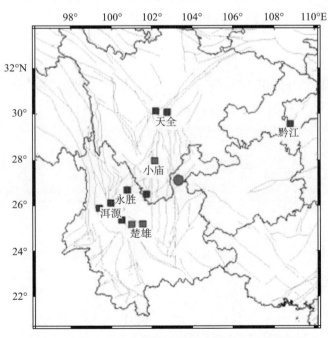

图 2.2.8　鲁甸 6.5 级地震前地震周边周尺度倾斜异常分布

图中浅色矩形表示异常台站，深色矩形表示正常台站

2.2.3　月尺度、年尺度异常提取算法模型

类似于周异常分析方法，分别对月尺度和年尺度异常进行了扫描。其中对月尺度异常主要以前 4 个月的变化为基准，年尺度则以之前 4 年的变化为基准。所选的指标仍以斜率（这里主要指速率）变化反映的夹角作为判断指标。

2.3　数字形变资料的干扰分析与异常识别方法

对检测到的不同时间尺度的异常，为提高其前兆的可信度，还必须进行相应的分析研究。其主要思路是对气象、地下水位及周围载荷变化等进行干扰排除。

定点形变数字化观测干扰类型有：①气象类干扰：主要包括气温、气压、降雨等；②载荷类干扰：主要包括点状干扰源、线状干扰源、面状干扰源等。

2.3.1　气温、气压类干扰识别方法

由于气温、气压变化具有相近的年周期，定量分离气温和气压的影响有些困难，这里提出利用相关系数初步分离气温和气压影响的方法。

以江苏六合台体应变观测为例，初步处理气温和气压影响的思路和步骤如下。

（1）估计数据异常的频段。

通过频谱分析方法，可提取干扰分布的主要异常频段。由图 2.3.1 可以看出，六合台体应变主要频段为 14.22 天、23.81 小时和 12.49 小时。

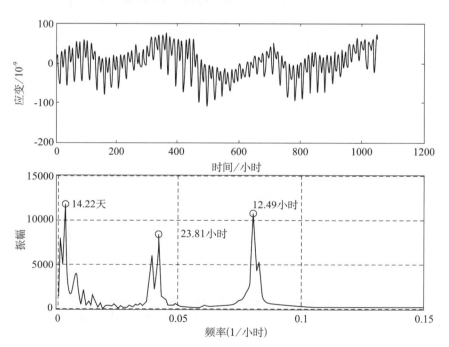

图 2.3.1　六合台体应变时间序列及频谱分析结果

（2）潮汐频段的分离。

利用别尔采夫方法可分离固体潮信息和日漂移信息。对于整点值，采用别尔采夫处理模型可计算日漂移成分

$$
\begin{aligned}
\mathrm{out}V[i] = (&v[i] + v[i-2] + v[i-3] + v[i-5] + v[i-8] \\
&+ v[i-10] + v[i-13] + v[i-18] + v[i+2] + v[i+3] \\
&+ v[i+5] + v[i+8] + v[i+10] + v[i+13] + v[i+18])/15
\end{aligned} \tag{2-5}
$$

通过滤掉漂移，即可突出潮汐信息。

（3）影响因子计算。

利用别尔采夫提取到的应变、温度和气压的日漂移信息，分别进行互相关计算，求取相关系数（图2.3.2）。由相关系数计算结果可知，气压与应变的相关系数为0.82，温度与应变的相关系数为-0.35，前者远大于后者。因此初步估计导致该异常变化的主要因素是气压变化。

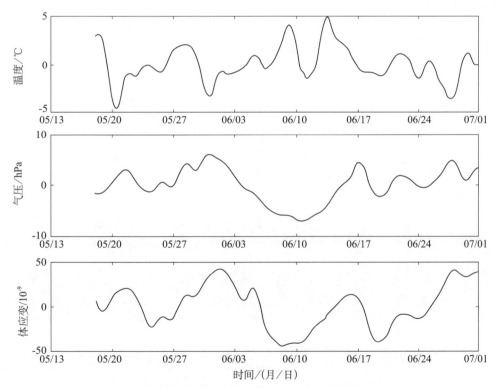

图 2.3.2　别尔采夫提取到的应变、温度和气压的日漂移之间的相关性对比

利用不同时段气压 P 与应变 ε 变化幅度，可构建两者之间的统计关系（图2.3.3）。

$$
\varepsilon = 5.7639P - 0.0071 \tag{2-6}
$$

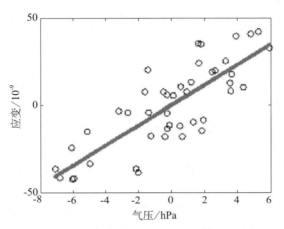

图2.3.3　六合台体应变与气压的回归关系

（4）扣除气温或气压干扰。

利用气压与应变间的回归分析结果（式（2－2）），进而可以定量扣除气压的影响（图2.3.4）。

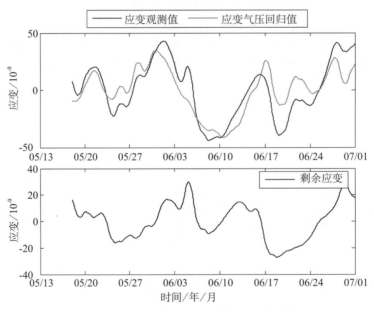

图2.3.4　六合台体应变扣除气压影响的结果

2.3.2　载荷类干扰处理

载荷类观测干扰类型可分为：点状干扰源、线状干扰源和面状干扰源等。以姑咱台为例研究载荷干扰对应变的影响。

（1）姑咱台基本情况。

姑咱台处于北西向的鲜水河断裂带、北东向的龙门山断裂带和南北向的安宁河断裂带复合部位靠北的地段，出露岩性为花岗闪长岩，在大渡河边古河床冲积堆层上，此处大渡河由北向南深切流过。姑咱台钻孔应变仪安装于2007年8月，该台钻孔应变探头安装在40m的钻孔中。因该台缺少水位数据，选用其下游的石棉台水位数据进行相关分析。图2.3.5为姑咱台和石棉台所在位置及流经河流分布。

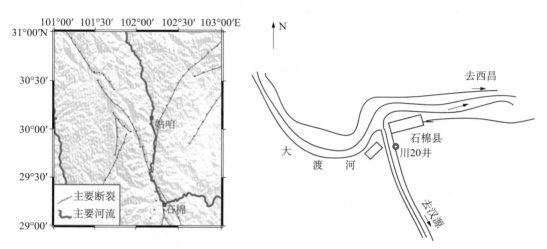

图2.3.5　姑咱台和石棉台空间位置和石棉台与大渡河位置关系

（2）模型的建立。

由于姑咱台距离大渡河约400m，因此可以将此模型建立为二维线性载荷影响模型（图2.3.6）。

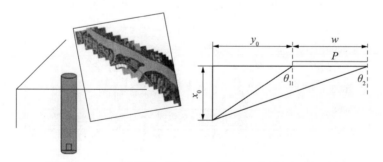

图2.3.6　姑咱台钻孔应变和大渡河水位模型的建立

二维载荷影响模型的建立方法如下

$$e_y = -\frac{P(1+\mu)}{\pi E}\left[(\theta_1 - \theta_2)(-1 + 2\mu) + \cos\theta_1\sin\theta_1 - \cos\theta_2\sin\theta_2\right] \qquad (2-7)$$

式中，$P = \rho g h$，$\theta_1 = \arctan(y_0/x_0)$，$\theta_2 = \arctan[(y_0+w)/x_0]$。

模型参数的取值为

$$x_0 = 40\text{m}$$
$$y_0 = 400\text{m}$$
$$w = 100\text{m}$$

（3）模型参数的反演。

由于大渡河无水位观测资料，且石棉台距大渡河的支流只有 10m，因此可利用石棉台水位变化表示大渡河水位变化，进而反演模型的弹性模量 E 和泊松比 μ。

反演结果为：

$$E = 3.415 \times 10^9$$
$$\mu = 0.25$$

（4）水位影响的定量扣除。

通过反演得到弹性模量和泊松比，然后利用水位观测数据和公式即可定量扣除大渡河水位对应变观测的影响，计算结果如图 2.3.7 所示，模型拟合的数据与原始观测数据相关程度非常一致，基本上能够解释该应变变化的影响。

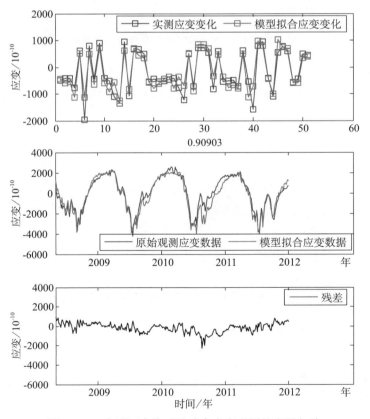

图 2.3.7　大渡河水位对姑咱台应变观测的定量扣除

2.4　形变效能评价规范

　　形变与地震之间的关系如何评定是认识前兆观测意义及地震预测的一个重要部分。形变前兆观测能力高低，能否进行地震预测也需要给出一个全面的评价，为此，需要建立相应的评价体系。

　　建立的形变预报效能评价的规范，主要包括三个部分，分别为：基础资料（15分）、资料质量（60分）和震例评估（25分）。

　　基础资料（15分）：主要包括观测值的合理性（3分）、测点与地质构造关系（3分）、测点配套性（9分）；资料质量（60分）：稳定性（10分）、连续性（10分）、观测长度（10分）、年动态特征（8分）、信息反映能力（7分）、影响因素（15分）等；震例评估（25分）：主要考虑到了具有长趋势异常、年度异常、短临异常的震例（15～25分）、无异常并在无震判定中起作用（15分）、台站周围200km内无5级地震且无异常、有异常无地震或无异常有地震的情况。

2.4.1　形变观测资料预报效能评估细则

　　形变观测资料预报效能评估有些基本的要求，包括适应范围、分级分类方法等，也必须建立相应的评估标准，包括基础资料、观测质量及震例情况等内容。

2.4.1.1　基本要求

　　参与评估的观测项目为目前正在运行并向中国地震局报送资料，或未向中国地震局报送资料但用于省（区、市）局日常会商的全部观测站（点）测项。

　　（1）填写各省（区、市）观测站（点）基本情况表（按照流体学科测项分别制定）。

　　（2）对照评估标准对每个观测站（点）的测项进行评估，给出各观测网所属测项的评估结果。

　　（3）对每个测项进行打分，采取百分制分值评价结果。

　　（4）观测项按得分情况从高分到低分进行名次，按照分值确定A～D四级，给出各类观测网的测项预报效能评估结果表。

　　（5）汇总完成评估报告，提出存在问题及改进建议。

2.4.1.2　评估标准

　　针对形变学科的观测资料划分：基础资料（15分）（预设分值，下同）、资料质量（60分）、震例评估（25分）共三类进行评估；特殊情形下：资料质量<20分，可评D类；观测环境严重破坏，可评D类。

　　（1）基础资料（15分）。

　　①观测值合理性（3分）：指观测物理量的合理性（去掉）。

　　②测点与地质构造关系（3分）：指跨断层观测场地布设的合理性（是否跨过破碎带）；定点类台站直接得3分（台址情况）。

③测点配套性（9分）：

定点形变：

降雨量（3分）；

气压（2分）；

温度（2分）（包括：气温、洞室温度、钻孔温度等）；

钻孔水位（2分）（无钻孔观测的台站直接得2分）。

跨断层形变：

是否综合观测场地（同时含有基线、水准得5分；其他得4分）；

端点标石性质（2个均为基岩点得4分；1个为基岩点得3分；2个均为土层点得2分）。

（2）资料质量（60分）。

①稳定性（10分）：目前回溯，5年及5年以上系统稳定给8～10分，3年及3年以上不足5年系统稳定给6～7分，其他2～6分。

②连续性（10分）：连续缺数1个月或1年内累计缺数2个月以上（断层观测类6个月以上）计为缺数；目前回溯，3年以内存在缺数得4～6分，3～10年内缺数得7～9分，10年不缺数10分。

③观测长度（5分）：10年以上得5分，3～10年得4分，3年以下得3分。

④年变特征（10分）：年变特征清晰7～10分，年变特征基本清晰4～6分，年变特征不清晰0～3分。

⑤信息反映能力（10分）：跨断层观测直接得10分。

同震响应（3分）：有响应3分，无响应0分。

固体潮（7分）：清晰4～7分，基本清晰1～3分，无0分。

⑥影响因素（15分）：

A. 观测技术系统工作状况（5分），主要包括：

定点形变类：

□仪器标定结果是否存在问题（1分）

□电源系统是否存在问题（1分）

□避雷系统是否存在问题（1分）

□数据采集器是否存在问题（1分）

□仪器是否存在故障等问题（1分）

跨断层观测类：

□端点是否存在标石不稳问题（2分）

□观测人员操作是否存在问题（2分）

□仪器与标尺标定是否规范（1分）

B. 观测环境（7分），主要包括：

□测站周围有无大型施工作业（2分）

□测站周围有无大型水库或河流等载荷变化的影响（2分）

□是否有地下水抽水、农田灌溉影响（1分）

□周围有无过往车辆振动影响（1分）

□其他环境干扰（1分）

C. 自然环境（3分），主要包括：

□风扰影响（1分）

□强降水或持续干旱影响（1分）

□其他气象因素影响（1分）

（3）震例评估（25分）。

震例统计标准——台站/测点周边200km之内5级（少震区可放宽到4.5级），300km之内6级，500km之内7级以上。

①有震例（15～25分）：有3次以上（含3次）震例，25分；有2次震例，20分；有1次震例，15分。

②无异常且周边无地震（15分）。

③有异常无地震或无异常有地震（0分）。

2.4.1.3　评价分级

A类（80分及以上）；B类（70～79分）；C类（60～69分）；D类（59分及以下）。

2.4.2　评估结果

参加评估有定点倾斜、定点应变、定点重力、跨断层形变四个观测手段。本年度预报效能评估按照形变观测资料预报效能评估细则分为基础资料（15分）、资料质量（60分）、震例评估（25分）共三部分进行评估。。

本年度形变学科参评总计784项。其中A类（红色）176项，占22.45%；B类（绿色）341项，占43.49%；C类（蓝色）206项，占26.28%；D类（灰色）61项，占7.78%。

2.5　结论、问题与建议

通过对数字化形变前兆资料的震例分析研究发现，震前数字化形变变化具有多样性、非均匀性等特征。依据异常持续时间及变化特征，异常包括潮汐短时畸变、突变、突跳与突跳异常及计算所衍生的系列参数异常，为客观反映异常信息，这里对异常进行了分级；2008年汶川地震以来一些强地震前的形变异常空间展布表明，异常分布具有非均匀性。

另外，针对观测到的海量数字形变数据，该专题给出了潮汐畸变、周尺度异常、月尺度异常及年尺度异常自动检测的方法，编制了相应的软件，实现了异常的自动识别功能。

对异常的信度借助异常信度评估规范，对数字化地倾斜、应变和重力等进行了评估，得到了A类、B类和C类异常。各类综合来看，A类异常约占25%，B类异常约占50%，C类异常约占25%。

不同观测手段及不同方向异常识别的指标较难统一，在地震异常认定方面仍存在一定的专家行为。

参 考 文 献

Amoruso A and Crescentini L. Limits on earthquake nucleation and other pre-seismic phenomenafrom continuous strain in the near field of the 2009 L'Aquila earthquake. Geophysicalresearch letters, 2010, 37, 110307, doi: 10. 1029/2010GL043308

Dubrovskiy V A, Sergeev V N. Short-and medium-term earthquake precursors as evidenceof the slidinginstability along faults. Physics of the Solid Earth, 42 (10): 802−808

Johnston M J S, Linde A T, Gladwin M T. Near-field high precision strain prior tothe October 18, 1989 Loma Prieta M_L7. 1 earthquake. Geophysicalresearch letters, 1990, 17: 1777−1780

Johnston M J S, Mortensen C. E. Tilt precursors before earthquakes on the San Andreas fault, California. Science, 1974, 186: 1031−1034

Johnston M J S, Jones A. C., Daul, W. and Mortensen C. E. Tilt near an earthquake (M_L = 4. 3), Brioneshills, California. Bulletin of the Seismological Society of America, 1978, 68 (1), 169−173

Linde A T, Gladwin M T, Johnston M J S. The Loma Prieta earthquake, 1989 and earth straintidal amplitudes: An unsuccessful search for associated changed. Geophysicalresearch letters, 1992, 19 (3): 317−320

McHugh S, Johnston M J S. Dislocation modeling of creep-related tilt changes. Bulletin of the Seismological Society of America, 1978, 68: 155−168

Mjachkin V I, Brace W F, Sobolev G A, Dieterich J H. Two models for earthquake forerunners. Pure Appl Geophys, 1975, 113 (1): 169−181

Mogi K. Temporal variation of crustal deformation during the days preceding a thrust-type great earthquake: The 1944 Tonankai earthquake of magnitude 8. 1, Japan. Pure Appl Geophys, 1985, 122 (6): 765−780

Mortensen C. E., Iwatsubo E. Y., Short-term tilt anomalies preceding local earthquakes near San Jose, California. Bulletin of the Seismological Society of America, 1980, 70 (6), 2221−2228

Niu A. F., Yan W., Zhang L. K., Ji P., On the Short-term Precursory Phenomena of Ground Deformation Associated with the 2008 M_S8. 0 WenchuanEarthquake. Earthquake, 2012, 32 (2): 52−63

NiuA. F., ZhangJ., Zhang X. Q. et al., Evolutional characteristics of ground deformations observed along the Qilian Mt. before the Kunlun Mountain M_S8. 1 earthquake. Earthquake, 2003, 23 (4): 21−26

Nur A. Dilatancy, pore fluids and premonitory variations of ts/tp travel times. Bulletin of the Seismological Society of America, 1972, 62 (5): 1217−1222

Rikitake T. Dilatancy model and empirical formulas for an earthquake area. Pure Appl Geophys, 1975, 113 (1): 141−146

Rummel F, Alheid H J, Frohn C. Dilatancy and fracture induced velocity changes in rock and their relation to frictional sliding. Pure Appl Geophys, 1978, 116 (4−5): 743−764

第三章 数字电磁数据异常识别和报警技术

数字电磁资料包括地电阻率、地磁和地电场等资料,在开展数字电磁数据异常识别和报警技术的研究过程中,围绕数字电磁资料的干扰因素分析和正常变化特征总结,获取地震短临异常的变化特征,研发数字电磁资料异常识别与告警技术,为数字电磁资料异常自动报警提供基础。系统的研究了地电阻率、地磁和地电场数字电磁资料的动态变化,总结了干扰因素引起的变化特点,通过数据处理和分析技术,获得了正常动态变化特征,通过震例研究提取出短临异常变化特征,给出了地电阻率、地磁和地电场数字电磁资料的正常变化识别技术、异常提取与告警技术方法,并依据电磁连续前兆监测质量与预报效能提出了电磁前兆观测综合评价规范,对电磁资料进行了地震预报效能评估。

3.1 地电阻率异常识别和干扰抑制方法

采用有限元数值分析方法,依据台站电测深数据,建立三维模型对地表局部电性异常干扰源对观测引起的干扰幅度和特征进行定量计算。结合台站现场异常核实工作,对宝昌台受钢绞线干扰、宝坻台受地表铁丝网干扰、合肥台受公路扩建干扰和甘孜台受国道扩建干扰进行定量分析,对四平台和新沂台不同测道年变形态相反现象进行解释,建立模型分析金属导线和地表电性异常体对地电阻率观测值的动态干扰特征,计算地表地电阻率观测的三维影响系数分布,排除了临夏台的干扰和认定了腾冲台地震前的异常。此外,还对井下地电阻率观测对地表干扰电流的抑制作用予以讨论,分析井下观测年变幅度随极距和埋深的变化,计算井下观测各层介质随极距和埋深的二维影响系数分布,以河源台为例进行了详细的分析,可为井下观测系统设计提供一定的参考。

3.1.1 干扰源定量分析

结合台站现场核实工作,采用有限元数值分析方法对宝昌台受钢绞线干扰、宝坻台受地表铁丝网干扰、合肥台受公路扩建干扰和甘孜台受国道扩建干扰进行定量分析,建立模型分析金属导线和地表电性异常体对地电阻率观测值的动态干扰特征。

3.1.1.1 宝昌台受地埋钢缆的干扰

宝昌台于 1979 年完成建设并正式投入使用,地电阻率观测仪器历经 4 次更换,目前使用 ZD8BI 数字地电仪。地电阻率观测布设 NS 和 EW 两测道,采用对称四极装置观测,供电极距 AB 均为 580m,测量极距 MN 均为 80m,两测道共用东供电电极 B。宝昌台地电阻率观测资料质量较高,年变化和趋势性变化清晰。观测期间,在台站周围发生的中强地震前

(特别是 1989 年大同—阳高 $M_S6.1$ 和 1998 年张北 $M_S6.2$ 地震) 观测到了较为显著的前兆异常。2009 年 11 月中国移动公司在台站测区内埋设了避雷钢缆 (图 3.1.1),对台站 EW、NS 测线的观测造成了不同程度的干扰,2011 年 7 月经台站和移动公司协商后移除了测区内部分钢缆,观测数据基本恢复正常 (图 3.1.2)。

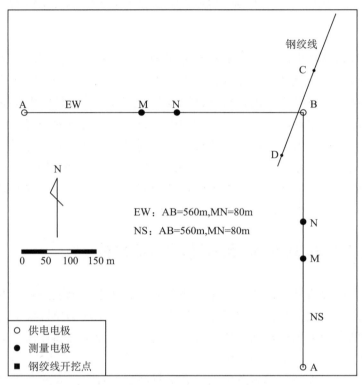

图 3.1.1　宝昌台地电阻率观测布极图

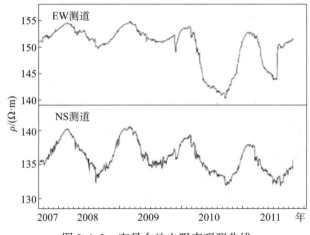

图 3.1.2　宝昌台地电阻率观测曲线

图 3.1.3（a）是台站钻孔柱状剖面，测区地下介质主要由明显的三层物质组成，表层介质厚度为 8.5m，下伏基岩深度约为 71.5m；图 3.1.3（b）是宝昌台建台时的垂向电测深曲线，测区地电断面为三层 H 型电性结构，中间层介质电阻率小于表层及底层介质的电阻率，电性三层结构与钻孔资料分层结构一致。

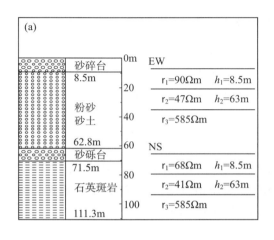
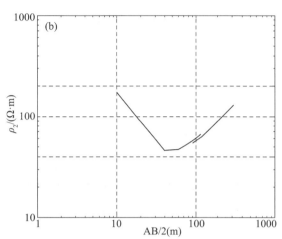

图 3.1.3　宝昌台地层与电性结构

（a）钻孔剖面；（b）电测深曲线

宝昌台测区电测深曲线为 H 型电性剖面，第一层和底层介质电阻率高于中间层介质，结合钻孔资料，将测区地下介质简化为水平三层模型，第一层厚度为 8.5m，第二层厚度为 63m，第三层厚度无限大。由于冬季表层土壤冻结，形成约 $0.8 \sim 1.2m$ 厚的冻土层，其电阻率值大幅升高，因此计算表层土壤非稳定冻结、稳定冻结阶段时又将模型第一层分为两层，厚度分别为 1m 和 7.5m。图 3.1.4（a）是钢缆所在水平面剖面，对钢缆划分网格时采用 Line68 二节点热—电线单元，地层模型选用 Brick69 八节点热—电六面体单元，图 3.1.4（b）是钢缆所在水平面中心布极区网格单元划分。

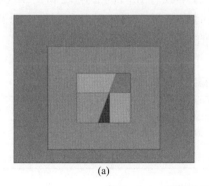
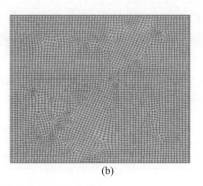

图 3.1.4　宝昌台干扰影响有限元分析

（a）钢缆所在位置的模型水平剖面；（b）布极区网格划分

2009 年 11 月 19 日开始，中国移动公司在测区开挖沟渠并埋设光缆和钢缆，钢缆距共用供电电极 B 仅 8m，两测道地电阻率出现同步下降变化。模型分别计算了两测道在铺设钢缆前后的地电阻率值，表 3.1.1 为该阶段的观测结果和计算结果，EW 测道计算得到的下降幅度与观测值较吻合，NS 测道计算的下降幅度与观测值有一定的误差。

表 3.1.1　宝昌台表层土壤非稳定冻结阶段的观测值和计算值 （Ω·m）

测道	铺设钢缆前观测值	铺设钢缆后观测值	铺设钢缆前计算值	铺设钢缆后计算值	观测值变化量	计算值变化量
EW	152.28	149.08	151.93	148.59	−3.20	−3.34
NS	137.44	135.78	137.15	135.97	−1.66	−1.18

12 月至翌年 2 月上旬为稳定冻结阶段，模型结合 EW、NS 测道在 2010 年 2 月 19 日处于年变峰值时的观测值，计算此时有无钢缆时的地电阻率值（表 3.1.2），结果表明，在冬季表层土壤完全冻结，钢缆被包裹在冻土层中时，钢缆对地电阻率观测的影响很小。

表 3.1.2　宝昌台表层土壤稳定冻结阶段的观测值和计算值 （Ω·m）

测道	有钢缆观测值	模型有钢缆计算值	模型无钢缆计算值	地电阻率变化计算值
EW	153.94	153.29	153.64	−0.34
NS	139.42	139.44	139.19	0.25

2011 年 7 月 26～27 日经台站和移动公司协商后移动公司移除了图 3.1.1 中 CD 段钢缆，模型计算了测区中无钢缆、含整段钢缆、只含 CD 段、含除 CD 段以外部分钢缆四种情况下的地电阻率值（表 3.1.3），据计算结果，整段钢缆将引起 EW 测道 6.27Ω·m 的下降变化，若 CD 段单独存在，则对观测的影响小得多，而除 CD 段以外部分单独存在时影响更小，但这两段钢缆连通后的影响则远远大于二者单独存在时的影响之和；NS 测道整段钢缆将引起 1.3Ω·m 的下降变化，CD 段单独存在时引起 1.76Ω·m 上升变化。两测道在铺设整段光缆并移除 CD 段钢缆后地电阻率变化计算值 $\Delta\rho_{24}$ 与观测值 $\Delta\rho_{ob}$ 是吻合的。

表 3.1.3　宝昌台不同情况下表层土壤非稳定冻结阶段的观测值和计算值 （Ω·m）

测道	ρ_{ob1}	ρ_{ob2}	ρ_{ca1}	ρ_{ca2}	ρ_{ca3}	ρ_{ca4}	$\Delta\rho_{ob}$	$\Delta\rho_{12}$	$\Delta\rho_{13}$	$\Delta\rho_{14}$	$\Delta\rho_{24}$
EW	143.96	149.85	149.77	143.50	148.55	149.52	5.89	−6.27	−1.22	−0.25	6.02
NS	132.26	133.31	133.13	131.83	134.89	132.86	1.05	−1.30	1.76	−0.27	1.03

3.1.1.2　宝坻台受铁丝网的干扰

宝坻台布设有 EW 和 NS 两测道，在测区布极中心有一风景树种植园，周围有铁丝网

（图 3.1.5），在降雨后铁丝网与地表连通，对观测值造成不稳定性干扰（图 3.1.6）。宝坻台电测深曲线表明测区地下介质电性横向较为均匀，为 HA 型四层结构，反演得到的电性结构如表 3.1.4 所示。

图 3.1.5　宝坻台地电阻率布极示意图

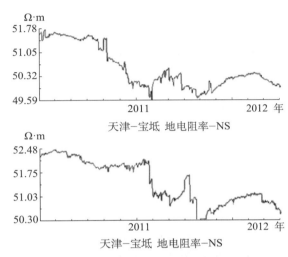

天津—宝坻　地电阻率—NS

天津—宝坻　地电阻率—NS

图 3.1.6　宝坻台受干扰观测曲线

表 3.1.4　宝坻台水平层状电性结构

层位	NS		EW	
	厚度（m）	电阻率（Ω·m）	厚度（m）	电阻率（Ω·m）
1	2	50	2	50
2	3	10	3	10
3	280	33	280	33
4	∞	270	∞	270

在现场核实工作时，我们将铁丝网用 30 根钢电极接地模拟降雨时铁丝网接地的情况，实验观测值表明铁丝网接地能引起宝坻台观测值的降低，但下降幅度没有观测到的干扰幅度大，可能原因是实验时测区地表较为干燥，并且 30 个点接触的干扰幅度要小于铁丝网线接触地表时的情况。建立有限元模型对铁丝网干扰进行了计算，图 3.1.7 为模型测区网格剖分示意图，计算、实验和实际观测结果如图 3.1.8 所示，计算中对铁丝网采用线接触，计算的干扰幅度略微比实际观测小，如果再加上降雨产生的下降变化，二者应该是相近的。

3.1.1.3　合肥台受公路扩建的干扰

合肥台布设 NS、NE 和 NW 三个测道地电阻率观测，玉兰大道位于测区东侧，距离 NE 向东供电极仅 200m 左右（图 3.1.9），于 2009 年 3 月开始进行扩建工程，同年 10 月施工结束。依据该台电测深曲线（图 3.1.10）反演水平地层电性结构如表 3.1.5 所示。

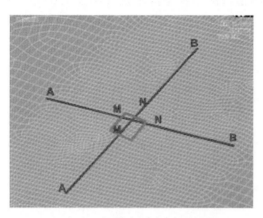

图 3.1.7　宝坻台测区网格剖分示意图

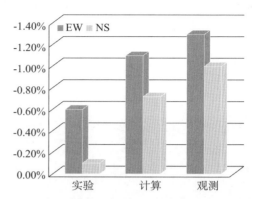

图 3.1.8　宝坻台实验、计算和观测的干扰幅度

图 3.1.9　合肥台地电阻率布极示意图

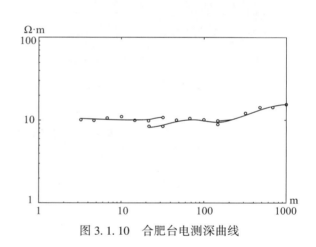

图 3.1.10　合肥台电测深曲线

表 3.1.5　合肥台水平层状电性结构

序号	电阻率（Ω·m）	厚度（m）
1	9	3
2	11	8
3	8	25
4	15	45
5	8	100
6	11	140
7	20	∞

玉兰大道拓宽后宽度增加约 5m，模型中将其简化为一高阻体，设定高阻体影响厚度为

2m，模型经网格划分后如图 3.1.11 及图 3.1.12 所示。由于地电阻率观测存在年变化，同一地表干扰源在地表介质电阻率不同时产生的干扰幅度是不同的。在夏季降雨多时地表介质电阻率降低，冬季地表干燥，电阻率上升。这里我们取表层电阻率夏季低值时为 9Ω·m，冬季高值时为 100Ω·m 予以计算，其余时段玉兰大道的干扰幅度应位于二者之间。计算结果示于图 3.1.13 和图 3.1.14。玉兰大道距 NE 测道最近，对 NE 测道的干扰幅度最大，其次是 NW 测道，对 NS 测道的干扰幅度最小。在夏季表层电阻率降低时，干扰幅度增加，在冬季表层电阻率升高时干扰幅度降低。但是玉兰大道对合肥台三测道地电阻率的干扰幅度均低于观测误差（0.3%），因此排除玉兰大道拓宽产生异常的可能。

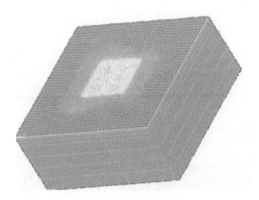

图 3.1.11 合肥台有限元模型及网格剖分

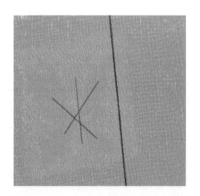

图 3.1.12 布极区测线及玉兰大道

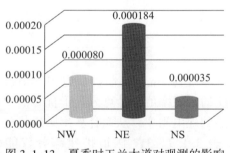

图 3.1.13 夏季时玉兰大道对观测的影响

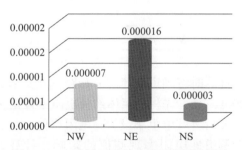

图 3.1.14 冬季时玉兰大道对观测的影响

3.1.1.4 甘孜台受国道扩建的干扰

甘孜台布设 NE 和 NW 两测道地电阻率观测，317 国道从测区穿过并与两测道相交（图 3.1.15）。甘孜台测区浅层介质主要为冲积沉积物，N30°E 和 N60°W 两向电测深曲线在浅层时形态相近，反映浅层介质电阻率各向异性不显著。深部岩层长期受构造应力作用，微裂隙发育可能存在优势排列方向，造成深部岩层电阻率在不同方向有差异，两方向电测深曲线显示深部岩层 N30°E 向电阻率大于 N60°W 向。模型采用水平层状结构，假定浅层三层介质电阻率均匀，仅在模型最底层采用不同的电阻率值计算两方向的地电阻率值，模型参数如表 3.1.6 所示。图 3.1.16 为模型示意图。

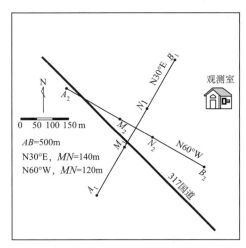

图 3.1.15　甘孜台地电阻率布极示意图

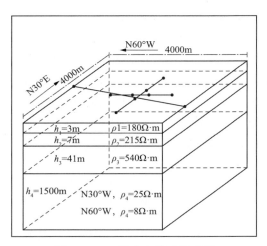

图 3.1.16　甘孜台模型示意图

表 3.1.6　甘孜台水平层状电性结构

层位	N30°E		N60°W	
	厚度（m）	电阻率（Ω·m）	厚度（m）	电阻率（Ω·m）
1	3	180	3	180
2	7	215	7	215
3	41	540	41	540
4	∞	25	∞	8

　　计算时将国道扩建部分和路基压实部分简化为一厚度为 2m 的高阻体，电阻率值设定为 10000Ω·m。先将高阻体部分电阻率设定为表层介质的电阻率值，计算未受干扰时的地电阻率，而后将其电阻率设为高电阻率值，计算受干扰后的地电阻率，从而计算出国道扩建部分对两测道地电阻率观测值的影响，计算结果示于表 3.1.7。317 国道扩建部分仅能引起 N30°E 测道约 0.1Ω·m 的上升变化和 N60°W 测道约 0.15Ω·m 的下降变化。由于甘孜台测区表层介质电阻率值较高，在高阻介质中嵌入高阻体，加之扩建部分的规模不大（宽度为 4m），因而其对地电阻率观测值的影响很小。N30°E 测道在 2011 年 8 月 17 日移动电极，随后测区内路基工程开始实施，直至 9 月完成，施工对观测并没有造成显著影响。

表 3.1.7　甘孜台公路扩建部分产生的影响

测道	无扩建部分计算值（Ω·m）	有扩建部分计算值（Ω·m）	变化量（Ω·m）
N30°E	66.32	66.43	0.11
N60°W	45.86	45.71	−0.15

　　甘孜台两测道地电阻率观测值在扣除电极移动和 317 国道扩建部分产生的影响后于 2012 年 6 月开始同步大幅度快速上升，2012 年电磁学科组经现场核实后认为，当年 6 月、7 月和 9 月三个月份降雨量显著大于 2008～2011 年同月份降雨量，两测道地电阻率同步快速上升与降雨量增加有关。直至 2013 年 1 月，测区几无降雨，表层处于冻结时两测道地电阻率年变低值仍高于往年，因而甘孜台地电阻率在排除干扰后存在趋势上升变化。

3.1.1.5　干扰动态特征的分析

　　以金属导线为例，在水平层状介质模型下，将金属导线置于测量电极之间和供电极与测量极之间（图 3.1.17），已表现介质周期性变化模拟观测值中的年变化，计算结果示于图 3.1.18。从图中可以看出，固定金属干扰源产生的干扰幅度并不是固定不变的，金属导线位于测量电极之间时，会引起观测值年变幅度大于正常情况下的年变幅度，而金属导线位于测量电极和供电电极之间时，则会引起观测值年变幅度小于正常情况。

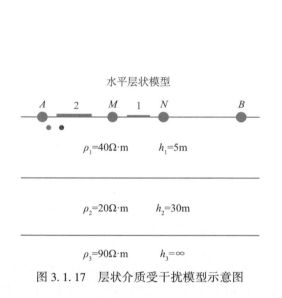

图 3.1.17　层状介质受干扰模型示意图

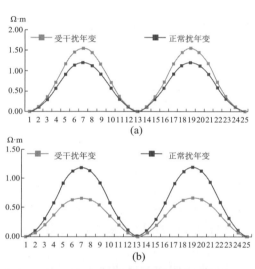

图 3.1.18　干扰幅度年动态特征
（a）导线位于 MN 之间；（b）导线位于 AM 之间
（图中 MN、AM 见图 3.1.17）

3.1.2　反常年变现象分析实例

　　我国大多数地电阻率台站的所有测道观测值在夏季降雨增加时观测值下降，冬季降雨减少和气温降低时观测值升高（称之为夏低冬高型正常年变）；部分台站的所有测道观测值在夏季降雨增加时观测值升高，冬季降雨减少和气温降低时观测值降低（称之为夏高冬低型反常年变）。在水平层状介质模型下，计算浅层影响系数可以予以合理的解释。但是也存在部分台站其中一个测道年变形态与其余测道相反，称之为相反型年变。水平层状模型无法解释该现象。结合异常核实工作，收集了新沂台和四平台测区地质剖面和电测深资料，建立三维有限元模型对相反年变现象进行了解释，认为相反年变现象是由测区地层介质电性结构非水平层状均匀性引起的。

3.1.2.1　新沂台反常年变分析

新沂台东侧约 1500m 处为山左口-王庄集断裂 F_1，台站西侧为近 NS 走向的大贺山-桥北镇断裂 F_5，紧邻 F_5 断裂东侧为近 NS 走向的 f_5 断裂，且 F_5 和 f_5 断裂经过地电阻率测区（图 3.1.19（a））。台站测区地势平坦，地下水潜水位约 3m，f_5 断裂以东地表覆盖层较浅，基岩埋深约 2m，f_5 以西过渡至 F_5 覆盖层厚度介于 2～6m 之间，F_5 以西基岩埋深迅速增至 70～80m 左右（张秀霞等，2009）。图 3.1.19（b）是新沂台三个测道 2008 年 1 月至 2012 年 5 月的地电阻率日均值观测曲线，由图可见 NS 测道的年变形态与 EW、N45°E 测道年变形态相反。

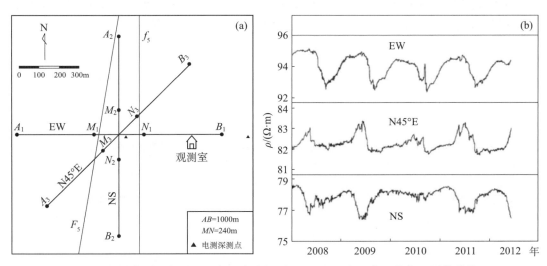

图 3.1.19　新沂台测区断层、地电阻率布极图（a）和地电阻率日均值观测值曲线（b）

新沂台地电阻率测区地势平坦，地下浅水位维持在 3m 左右，F_5 断裂两侧基岩面埋深差异达 70～80m（图 3.1.20），测区地层在 NS 向变化较为平缓，因此在建立模型时以 F_5 断裂为分界面，只考虑介质电阻率在 EW 向的不均匀性。NS 向电测深观测点在 F_5 断裂东侧，且距 F_5 断裂较远，受断裂两端地层差异影响较小，因此模型东盘依据 NS 向电测深资料反演其地层的电性参数，模型 F_5 断裂以西部分的电性参数结合了测区地质剖面。以地下浅水面以上部分作为模型第一层，第四层埋深采用与 F_5 以东第四层相同的埋深，F_5 西侧基岩埋深在 70～80m 左右，取第二层厚度为 70m，余下部分为第三层，并结合 F_5 断层的走向建立初始有限元模型。分别在 EW 向、NS 向电测深测点以实测电测深曲线时采用的极距对计算模型的电测深曲线，将计算电测深曲线与实测电测深曲线进行比较，逐步修改模型参数，直到模型电测深曲线和实测电测深曲线接近，以此为最终的模型参数。模型 EW 向电性剖面如图 3.1.20（d）所示，在原电测深测点的计算电测深曲线示于图 3.1.20（b）、（c）。从图中可以看出，模型在 NS 向和 EW 向的计算电测深曲线与实测电测深曲线基本一致。

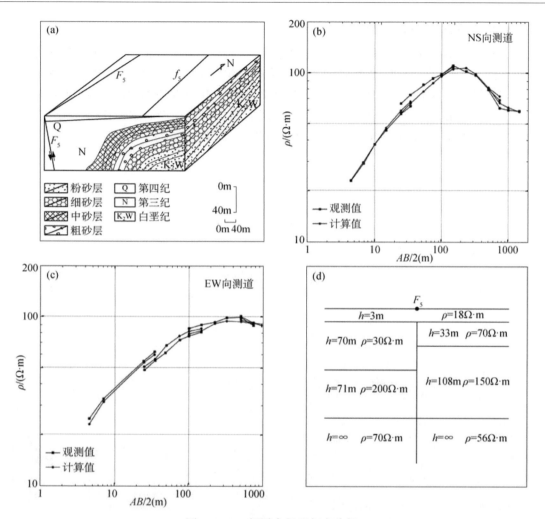

图 3.1.20　新沂台相反年变分析

（a）新沂台地电阻率 EW 向测道 F_5 和 f_5 断裂附近地质剖面；（b）NS 向电测深曲线实测值和模型计算值；
（c）EW 向电测深曲线实测值和模型计算值；（d）新沂台有限元模型 EW 向剖面图

　　计算结果示于图 3.1.21，图中所示曲线为三测道地电阻率年变计算值扣除各自基准值后的年周期成分，N45°E 测道地电阻率年变形态与 EW 向测道相同，在表层介质电阻率上升和下降时两测道地电阻率也表现为上升和相应的下降变化，N45°E 测道年变幅度小于 EW 向测道。NS 向测道地电阻率年变形态则与 EW 向、N45°E 向测道相反，年变幅度也小于 EW 向测道。新沂台 EW 向、N45°E 向测道地电阻率年变形态与 NS 向测道相反，从模型计算结果来看基本符合新沂台三个测道的年变形态。

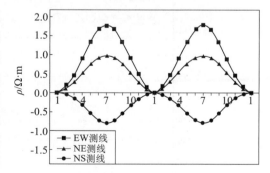

图 3.1.21　有限元模型计算的新沂台
三测道地电阻率年变形态

3.1.2.2　四平台反常年变分析

四平台布设 N40°E 和 N50°W 两地电阻率测道（图 3.1.22（a）），两测道地电阻率观测值年变形态相反（图 3.1.22（b）），两个方向电测深曲线如图 3.1.23 所示。测区地势平坦，地表为第四纪亚黏土层，地下岩层沿 N40°E 走向，并向 N50°W 倾斜，中部为白垩系低阻地层，厚度沿着 NW 向逐渐增加，基底为花岗岩地层，埋深沿着 N50°W 向逐渐增加，在台站位置约 500m，至梨树县城以西可达 1000m 以上（图 3.1.24）。

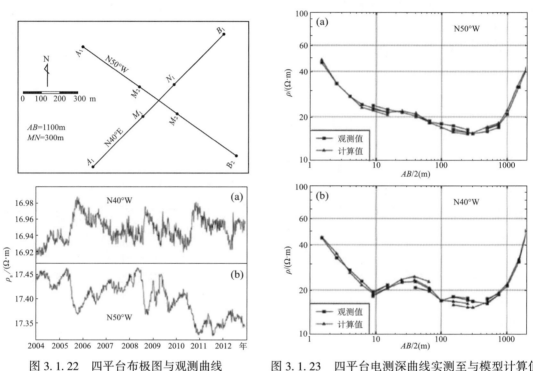

图 3.1.22　四平台布极图与观测曲线　　　　图 3.1.23　四平台电测深曲线实测至与模型计算值
（a）N50°W 向；（b）N40°E 向

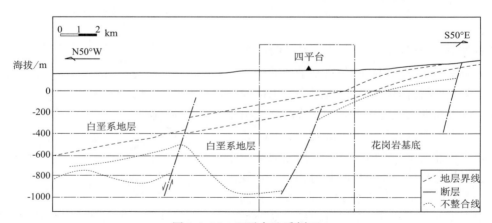

图 3.1.24　四平台地质剖面
虚线方框处为建立模型时的参考区域地质剖面（岳庆祥，1998）

将四平台地下介质电性结构简化为沿 N50°W 走向的二维电性剖面。该区域白垩系地层主要由泥岩和砂岩互层组成，电阻率为 $10 \sim 15\Omega \cdot m$，亚黏土层地电阻率为 $20 \sim 30\Omega \cdot m$，花岗岩基底电阻率较大（岳庆祥，1998）。模型浅层参考电测深曲线的前支采用水平层状结构，N50°W 向剖面中部白垩系地层厚度和花岗岩基底埋深参考地层剖面（虚线方框区域，由于 $AB = 1100m$，远距离介质对观测几乎没有影响）并将其作为初始模型，采用在测区实测的两条电测深曲线作为模型的约束。以实测电测深曲线时采用的极距对计算模型中 N50°W 向和 N40°E 向的电测深曲线，并与实测电测深曲线进行比较，逐步修改模型参数直至两者大体一致，从而得到最终的模型参数。模型 N50°W 向电性剖面和模型示意图如图 3.1.25 所示。模型计算电测深曲线示于图 3.1.23，从图中可以看出，模型在 N50°W 和 N40°E 两方向的计算电测深曲线与实测电测深曲线大体一致，从这个角度来看我们建立的模型是满足现有约束条件的。

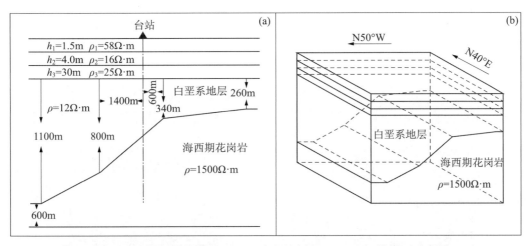

图 3.1.25　四平台有限元模型 N50°W 向电性剖面 (a) 和三维模型示意图 (b)

计算结果示于图 3.1.26，图中所示曲线为两测道地电阻率年变计算值扣除各自基准值后的年周期成分。计算时一年按月取 12 个数据点，共计算了两年的年变形态。计算结果显示，浅层介质电阻率上升时 N50°W 测道地电阻率呈现出上升变化，而 N40°E 测道地电阻率则呈下降变化。相应地，在浅层介质电阻率下降时 N50°W 测道地电阻率也下降，N40°E 测道地电阻率则上升，从而最终表现出 N50°W 测道地电阻率年变化形态与 N40°E 测道年变相反的现象，同时 N40°E

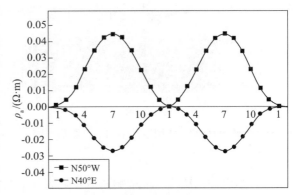

图 3.1.26　有限元模型计算的四平台
两测道地电阻率年变形态

测道地电阻率年变幅度也小于 N50°W 测道，计算结合与观测值相吻合，因而从模型计算角度说明地层的横向不均匀性是产生相反年变现象的原因。

3.1.3 地电阻率三维影响系数分析

采用对称四极装置进行观测时，地电阻率观测值是测区地下一定体积内介质电阻率的综合表征，水平方向更远距离和垂直方向更深深度的介质对观测的影响可以忽略。目前我国地电阻率观测供电极距多为 $AB=1000\text{m}$，多年的地电阻率观测实践也表明地表局部介质电阻率显著变化区域只有在测线附近时才能对观测产生显著的影响，因此我们采用有限元方法建立三维模型，对布极中心点周围 2000m×2000m×1000m 范围内介质进行三维影响系数分析。

3.1.3.1 对称四极装置三维影响系数

模型中供电极距 $AB=1000\text{m}$，测量极距 $MN=300\text{m}$，观测装置位于模型的表面，模型水平尺寸取 7 倍 AB，最底层厚度取 2 倍 AB，模型划分为三层，分别计算 H 型和 K 型结构两种情况。在电性结构一定时，某一分块区域影响系数不受其余区域分块大小影响，模型中将分析区域均匀划分为 3m×3m×3m 的立方体单元，其余区域单元划分由内到外逐渐扩大，以节省计算空间和时间。计算时在电极 A 输入 2I 电流，在电极 B 处输入 −2I 电流，对分析区域内每个单元采用中心差分计算其影响系数。

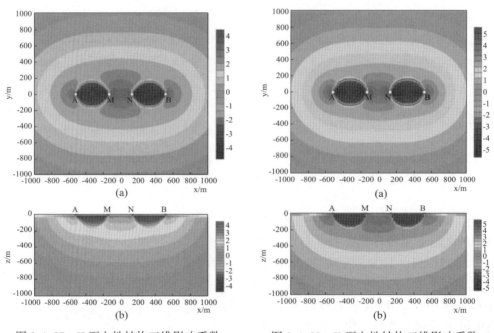

图 3.1.27　H 型电性结构三维影响系数　　　图 3.1.28　K 型电性结构三维影响系数

H 型电性结构的三维影响系数在地表和沿测线剖面的分布示于图 3.1.27。从图 3.1.27（a）可以看出，在地表二维平面对称四极装置地电阻率观测影响系数在测量极和供电极之间存在两个近似椭圆的负区域，其余区域为正。影响系数（绝对值）在靠近电极时大于其余区域，同时影响系数呈现出关于测线和过布极中心垂直于测线方向的对称性。在两个影响系数为负的椭圆区域内，介质电阻率的降低将会引起地电阻率观测值的升高，反之亦然。沿测线垂直剖面影响系数在供电极和测量极之间呈现出与地表分布对应的负区域（图3.1.27（b）），其余区域影响系数为正。在三维空间上，地表地电阻率观测影响系数在测量极和供电极之间存在近似半椭球的负区域，其余区域为正。K型电性结构三维影响系数在地表和测线剖面的分布示于图3.1.28，同样的在测量极和供电极之间存在影响系数为负的近似半椭球区域。对比两种电性结构三维影响系数分布可以发现，尽管两者影响系数为负的区域大小有些差别，但两者总体分布特征是一致的。

3.1.3.2　临夏台干扰的排除

临夏地电阻率台站位于临夏市东北向约7km的折桥乡，大地构造上位于鄂尔多斯地块、阿拉善地块和青藏地块的交接部位，次级构造上位于祁连山和甘东南次级地块的交接部位。台站布设有NS和EW两个方向的观测，供电极距均为$AB=1500m$，测量极距均为$MN=500m$，各电极分布如图3.1.29（a）所示。临夏台NS测道地电阻率观测值从2007年出现年变畸变，经核实为NS测道南供电极和南测量电极之间同期修建民房有关。该测道自2009年年初开始出现年变畸变且加速下降变化，下降幅度约−5.9%，扣除正常年变化幅度后下降幅度约−2.3%，并于2010年下半年开始回返；EW测道观测值从2009年年初也出现年变畸变和加速下降变化，下降幅度约−5.1%，扣除正常年变化幅度后下降幅度约−1.6%，并于2010年下半年同步回返（图3.1.29（b））。

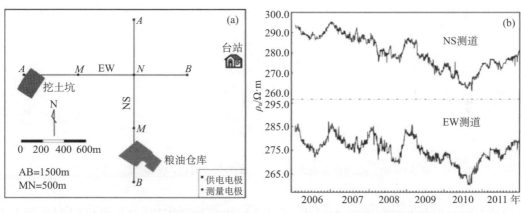

图3.1.29　临夏台布极图（a）和2006～2011年观测曲线（b）

电磁学科工作组于2011年7月前往临夏台对两测道自2009年出现的同步变化开展异常现场核实工作。经现场勘察和与台站工作人员及周围居民咨询了解到，自2008年年底开始NS测道南供电极和南测量电极之间动工修建粮油市场和仓库，随后施工规模扩大。在EW测道西供电极和西测量电极之间挖土供砖厂烧制，土坑深约2m，宽约80m，长约150m，2010年挖土区域扩展至西供电极约2m处（图3.1.29（a））。粮油市场和仓库建设在地表挖土后建设混凝土地下室，较原有土层介质，该区域介质电阻率升高。砖厂土坑开挖后区域电阻率可视为无穷大的空气介质，与之前土层介质相比该区域电阻率升高。从地电阻率对称四极观测装置测区介质三维影响系数在地表的分布来看，两测道受干扰的区域均位于影响系数为负的区域，该区域介质电阻率的升高将引起地电阻率观测值的降低，因此工作组认为粮油市场、仓库建设和砖厂土坑开挖引起的干扰变化与观测值变化在形态上是一致的。但观测值的下降幅度是否完全或大部分是由干扰源引起，还需要进一步分析。为此工作组于第二天对 EW 测道西供电极附近砖厂土坑开挖开展了实验分析，分析认为土坑开挖能引起 EW 测道观测值约−1.1% 的下降变化，为此认为 EW 测道 2009 年开始的下降变化主要是由土坑开挖引起的干扰变化。NS 测道附近的粮油市场和仓库的规模大于 EW 测道的土坑，其干扰幅度也应大于−1.1%，因此也认为 NS 测道 2009 年开始的下降变化主要是由干扰引起的。在资料恢复正常变化后该区域未有强地震发生，也说明临夏台两测道的此次变化不是地震前兆异常。

3.1.3.3　腾冲台异常的分析

腾冲盆地位于大盈江断裂向南东凸的弧顶部位，腾冲台位于盆地东南缘后山断层与上马厂断层交会的东侧后山断层的南东盘上。腾冲旧台布设有 EW 和 NS 两个测道，两测道供电极 $AB=1400\text{m}$，$MN=400\text{m}$，布极方式与各电极分布情况如图 3.1.30 （a）所示。2012 年底由于受到县城扩建干扰，地电阻率观测场地搬迁至旧台址东南方向 1500m 处，新台采用长短极距两套观测系统。

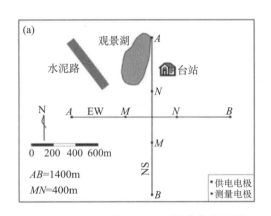
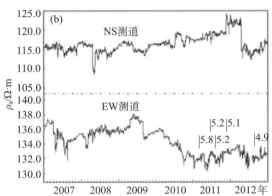

图 3.1.30　腾冲台布极图 （a）和 2007～ 2011 年观测曲线 （b）

腾冲台地电阻率 EW 测道在 2010 年 4 月开始出现加速下降，NS 测道同期出现上升变化，截至 2011 年 5 月，EW 测道累计下降幅度约−3.7%，NS 测道累计上升幅度约 2.6%（图 3.1.30 （b））。腾冲台测区为农业用田，冬季地下水位小于 1m，夏季为水覆盖，因而腾冲台地电阻率年变化幅度很小。异常出现后电磁学科组向台站工作人员咨询测区观测环境变化情况，从 2010 年 4 月以来，地电阻率测区西北边农田被开发建设水泥路和观景湖（图 3.1.30 （a））。新建水泥路可视为高阻体，观景湖为土层开挖蓄水，可视为低阻体。从地电阻率对称四极观测装置测区介质三维影响系数在地表的分布来看，水泥路位于 NS 测道影响系数为正的区域，主体部分也位于 EW 测道影响系数为正的区域；观景湖位于 NS 测道影响系数为负的区域，但位于 EW 测道影响系数为正的区域。水泥路相对于两测道的位置相近，将引起两测道观测值上升。观景湖将引起 NS 测道的上升变化，而引起 EW 测道的下降变化，与两测道观测值变化形态一致。从水泥路和观景湖的规模和相对测线的位置来看，观景湖产生的影响是主要的。观景湖更为靠近 NS 测道，对 NS 测道的影响幅度应显著大于对 EW 测道的干扰幅度，但是 EW 测道观测值下降幅度却大于 NS 测道的上升幅度，同时水泥路会引起 EW 测道上升变化。观景湖和水泥路不能解释 EW 测道出现的下降变化，因此认为至少在 EW 测道的下降变化中包含有前兆信息。随后发生了 2011 年 3 月 10 日盈江 $M_S5.8$ 地震（震中距 65km）、2011 年 6 月 20 日腾冲 $M_S5.2$ 地震（震中距 20km）、2011 年 8 月 9 日腾冲 $M_S5.2$ 地震（震中距 21km）、2011 年 11 月 28 日中缅交界 $M_S5.1$ 地震（震中距 92km）；2012 年 EW 测道观测值再次出现下降变化，随后发生了 2012 年 9 月 11 日施甸 $M_S4.9$ 地震（震中距 76km）。

3.1.4 井下地电阻率观测实例分析

在水平层状模型下，通过对河源台地电阻率观测随深度变化的分析，归纳出以下两方面的规律。

3.1.4.1 地电阻率随装置不同埋深的变化规律

图 3.1.31 给出了地电阻率随装置（温纳装置）不同埋深的变化曲线，参数 $\mu=\rho_1/\rho_2$ 取 ∞、3、1、0.3、0.1、0.01、0 值。对于参数 $\mu>1$，即表层为高阻干扰层；当 $\mu\to\infty$，d/L 较小，即装置埋深浅时，ρ_a/ρ_2 接近于 1.50，即表层变化 μ 对观测影响最大，达 50%；随 d/L 增加，表层的影响逐渐减弱；当 $d/L\geq2$ 时，ρ_a/ρ_2 趋近于 1。

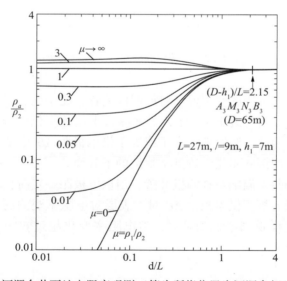

图 3.1.31 河源台井下地电阻率观测（箭头所指位置为河源台相对埋深位置）

当 $\mu=1$ 时，ρ_a/ρ_2 等于 1，表明在均匀介质中测量，地电阻率无异常。

对于参数 $\mu<1$，即表层为低阻干扰层；当 d/L 较小，即装置埋深浅时，表层变化 ρ_1/ρ_2 对观测影响较大；随 d/L 增加，表层的影响逐渐减弱；当 $d/L\geq2$ 时，ρ_a/ρ_2 趋近于 1。总体来看，低阻干扰层要比高阻干扰层对浅部装置影响大。

3.1.4.2　表层影响系数随装置不同埋深的变化规律

图 3.1.32 给出了表层影响系数随装置（温纳装置）不同埋深的变化曲线的参数 $\mu = \rho_1/\rho_2$ 取 10、3、1、0.15、0.05 值。当不论参数 μ 取何值时，表层影响系数 B_1 都是随着埋深 d/L 增加趋于减小的。当 $\mu = 1$，d/$L = 0.01$ 时，B_1 趋近于 0.25；d/$L > 0.2$ 时，B_1 有一显著的趋势下降；d/$L = 2$ 时，B_1 约为 0.006；d/$L = 3$ 时，B_1 约为 0.002。当 $\mu = 10$、3、0.15、0.05 时，B_1 的变化趋势大体相同，都是随着埋深 d/L 增加趋于减小的。

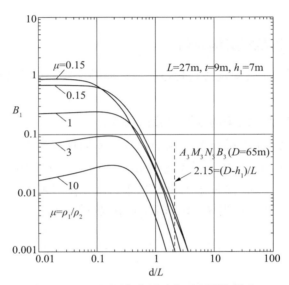

图 3.1.32　河源台表层对井下观测的影响

理论分析表明，对于常用的井下温纳对称四极装置，无论地表干扰层电性是高阻还是低阻，当 d/$L \geq 2$ 时，ρ_a/ρ_2 均趋近于 1，即装置埋深大于或等于供电极距 AB 时，地表扰动对观测的影响就很小。因此，装置埋深大于或等于供电极距 AB 是井下地电阻率监测方法的基本条件。注意到这里埋深 d 是指装置到干扰层的下界面。

同时，对于常用的井下温纳对称四极装置，当供电极距一定时，埋深越大，受地表的干扰就越小。当电极埋深 d 等于供电极距 AB 时，表层对电阻率观测的干扰影响可降至 6‰ 以下；换句话说，当用这样观测系统测量时，地电阻率变化超过 6‰ 时，可认为出现地电异常了。

3.2　地磁异常识别方法

通过对地磁垂直分量资料进行分析，对已有的地震异常提取技术进行进一步研究，使其能适用于目前的地震异常提取和地震三要素预测工作。利用不同地震地磁方法相结合手段对典型震例进行深入剖析，以期获得更精确的地震三要素短临预测技术。地磁方法异常除了和地震有一定的关系外，和磁暴等扰动的关系怎样，也是本节的重要内容。

3.2.1 地震地磁异常识别技术研究

3.2.1.1 地震地磁异常提取指标

滤波幅相法的基本思路是首先对分钟值地磁垂直分量日变数据进行 24 阶富氏拟合滤除小于 1 小时周期成分，再用 6 阶富氏拟合残差法滤除 4 小时以上周期成分，剩余 1～3 小时周期成分。然后计算每天的瞬时差幅度，对 90 天窗长的瞬时差幅度进行一次和二次去倾，如果有连续 10 天或 11 天超标准值以及满足标准值上下面积比判据的情况出现，则被视为异常（冯志生等，2006）。

冯志生等（2006）采用标准值-0.7 和标准值上下面积比 4.8～7.5 的异常提取判据，对嘉峪关台和天水台的地磁垂直分量分钟值数据进行分析发现，滤波幅相法异常有较好的映震效果，并指出该异常判据不受人为因素影响，可以连续多年保持不变。下文将在分析嘉峪关台 2001～2013 年近 12 年资料的基础上，对该指标进行进一步研究和验证，建立该地区地震异常识别指标体系。

3.2.1.2 地磁异常的映震效果分析

按照上述地磁滤波幅相法异常识别标准，对嘉峪关台 2001 年 10 月至 2013 年 8 月的资料进行了分析，共识别出 6 例地震异常，其中 3 例对应地震，对应率为 50%。由此可见，该异常判定指标对提取该地区的地震异常有着较好的效果。表 3.2.1 给出了嘉峪关台滤波幅相法异常和地震对应关系。

表 3.2.1　嘉峪关台滤波幅相法异常和地震对应关系

序号	数据窗 （年-月-日 ～ 年-月-日）	去倾方法	面积比	异常时段 （月-日～月-日）	对应地震 （M_S）	时间差 （day）	震中距 （km）
1	2003-06-02～2003-08-30	1，2	5.3，4.2	08-18～08-27	—	—	—
2	2003-07-04～2003-10-01	1	6.1	09-15～09-25	6.1	30	305
3	2004-01-17～2004-04-15	2	7.3	04-02～04-11	5.9	30	398
4	2004-05-09～2004-08-06	2	6.4	07-22～07-31	—	—	—
5	2006-05-25～2006-05-22	2	6.9	08-10～08-20	—	—	—
6	2009-05-08～2009-08-05	1，2	7.7，6.4	07-20～07-30	6.4	29	323

注：时间差为异常结束当天到地震当天间隔的天数。

图 3.2.1 为表 3.2.1 第二例异常的滤波幅相值变化曲线，图中从上至下分别表示经过滤波后的日变化幅度值、经过一次和二次去倾的滤波幅度值。曲线时间范围即数据窗为 2003 年 7 月 4 日至 10 月 1 日。图中阴影部分为幅度值连续 10 天或 11 天超出标准值-0.7 的部分（横虚线），即滤波幅相法异常。在中间和第三幅图左端给出了一次和二次去倾后曲线的标准值上下面积比。一次去倾曲线在 9 月 15—25 日期间出现了滤波幅相法异常，异常持续 11 天，面积比为 6.1，异常结束后一个月（30 天），即 2003 年 10 月 25 日发生了甘肃民乐—山

丹 6.1 级地震。如无特别说明，后面类似图形的意义和该图相同。

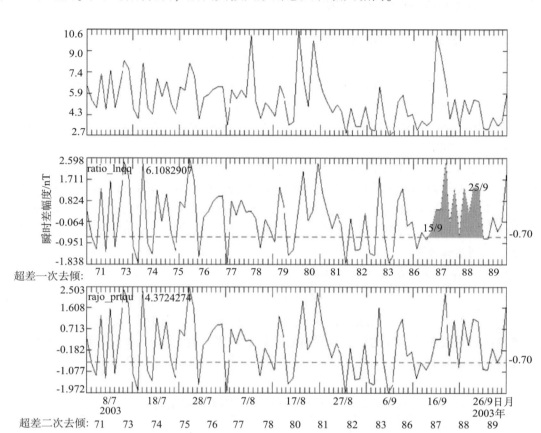

图 3.2.1 2003 年 10 月 25 日甘肃民乐—山丹 6.1 级地震前滤波幅相法异常

3.2.1.3 地震和地磁异常对应关系分析

2001 年 10 月至 2003 年 8 月，嘉峪关台 500km 范围内共发生 6 级以上地震 4 例，其中 2 例对应幅相法异常，即 50% 的震例前出现了异常，见表 3.2.2。这说明该地区的 6 级以上地震有一半都和滤波幅相法异常相对应，这为我们利用该方法进行地震临短预报提供了依据。

表 3.2.2 嘉峪关台附近地震和幅相法异常对应关系

序号	时间 （年-月-日）	位置 （N，E）	震级	震中距 （km）	对应异常
1	2003-04-17	37.30°，96.48°	6.6	317.36	否
2	2003-10-25	38.24°，101.12°	6.1	305.22	是
3	2008-11-10	37.60°，95.90°	6.3	317.56	否
4	2009-08-28	37.60°，95.80°	6.4	323.12	是

3.2.2 典型震例应用

2013年7月22日甘肃岷县漳县6.6级地震前，即2013年6月16日和19日，中国大陆地区分别出现了地磁低点位移异常线，地震发生在预测时间范围内，震中位于两条异常线较为靠近的地区。这是一例利用低点位移异常预测发震时间较为成功的案例。震后研究发现，震前距离震中最近的天水台出现了滤波幅相法异常，地震发生在异常持续时间的两倍时间点。滤波幅相法或成为缩小低点位移法预测发震区域的有效手段之一。

3.2.2.1 地磁幅相法异常

利用滤波幅相法对2008年1月1日至2014年5月12日期间天水台地磁垂直分量分钟值数据（GM-4仪器）进行分析发现，符合上述异常提取判据的情况只出现一次，即2013年6月19～29日，异常持续11天。图3.2.2给出了此次异常曲线，图中从上到下三栏分别是2013年4月8日至7月6日（90天去倾数据窗）期间的滤波后瞬时差幅度、一次去倾和二次去倾后的瞬时差幅度，浅色阴影部分为连续10天或11天超出标准值，深色则为连续11天以上超出标准值。第二三栏左上方标出了标准值上下面积比值（ratio），可以看出一次去倾曲线面积比为7.6，基本符合冯志生等（2006）提出的面积比指标。因此，图中右端的连续11天（2013年6月19～29日）超标准值异常被视为滤波幅相法异常，在该异常持续时间的两倍时间点，即7月22日发生了甘肃岷县漳县6.6级地震。需要说明的是，一次去倾曲线的中部出现的异常，即5月18～28日连续11天超标准值异常由于已失去预报意义，因此不作为滤波幅相法考虑。

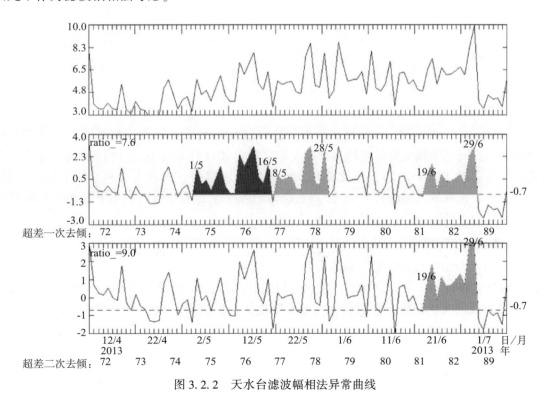

图3.2.2 天水台滤波幅相法异常曲线

3.2.2.2　地磁低点位移法异常

2013 年 6 月 16 日中国大陆出现低点位移异常，如图 3.2.3 所示，图中时间为世界时，黑色粗实线为低点位移异常线。当天地磁垂直分量日变低点时间分为两大区域：东部为 3：00—5：00，西部为 7：00—9：00，两大区域之间有一条明显的突变分界线。据此预测：7 月 13 日和 7 月 27 日前后 4 天突变线附近可能发生 6 级以上地震。此后 3 天，6 月 19 日中国大陆再次出现低点位移异常，突变线为位于鄂尔多斯地台的一闭合圈，如图 3.2.4 所示，闭合圈内时间为 6：00 左右，圈外时间为 2：00—4：00，闭合圈内外相差 2 小时以上，据此预测异常线附近发震时间点为 7 月 16 日和 7 月 30 日前后 4 天。

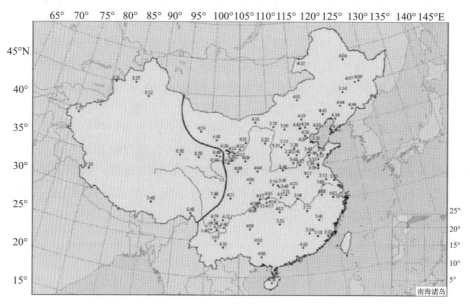

图 3.2.3　2013 年 6 月 16 日地磁低点位移异常

丁鉴海等（2009）提出，如果在约半个月内出现两次以上低点位移异常，其预测时间又大致重合，则异常线交会的区域为预测发震区域。2013 年 6 月 16 日和 19 日异常线在甘东南地区最为接近（图 3.2.5），据此预测该区域发生地震的概率远大于异常线上其他区域。结果如图 3.2.5 所示，2013 年 7 月 22 日在该区域发生了甘肃岷县漳县 6.6 级地震，发震时间约在 6 月 16 日异常的第二时间点和 6 月 19 日异常的第一时间点。

3.2.2.3　分析讨论

（1）天水台滤波幅相法异常和地震对应关系。

按照滤波幅相法异常判定标准，在被分析的时段内，即 2008 年 1 月 1 日至 2014 年 5 月 12 日，只出现过一次异常，即岷县漳县 6.6 级地震前的异常。此次异常很可能反映了孕震阶段地下环境的变化。

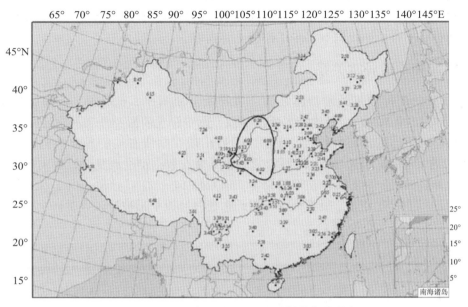

图 3.2.4　2013 年 6 月 19 日地磁低点位移异常

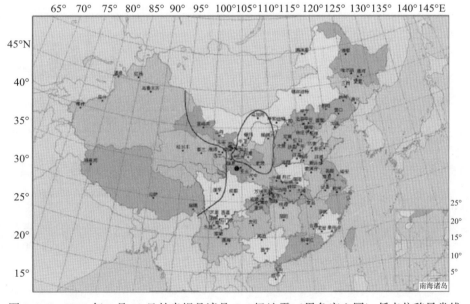

图 3.2.5　2013 年 7 月 22 日甘肃岷县漳县 6.6 级地震（黑色实心圆）低点位移异常线

（2）异常与震中距的关系。

天水台为距离甘肃岷县漳县 6.6 级地震最近的台站，其震中距为 156km，震前 22 天该台出现了滤波幅相法异常。嘉峪关台震中距为 793km，震前无类似异常出现。这可能说明距离此次地震孕震体较近的台站更能反映孕震阶段地下介质电磁性质的变化，为我们利用滤波幅相法来缩小低点位移法预测区域提供了一定的观测依据。需要说明的是，在两条低点位移线附近有很多台站，为了达到缩小低点位移预测区的目的，合理的做法是尽可能分析异常线附近更多的台站，这也是我们下一步工作的主要内容。

3.2.3　磁暴和地磁异常关系

超过 11 天的超标准值异常被称之为非震异常，如图 3.2.6 所示，该图给出了数据窗 2002 年 7 月 22 日至 10 月 19 日内的幅相法曲线，图中深色阴影部分表示滤波幅相值连续 11 天以上超出标准值。需要说明的是，该图中只有出现在曲线右端的异常被记为一次非震异常，即 2002 年 9 月 26 日至 10 月 12 日异常，该异常在数据窗滑动变化过程中持续存在，是一例稳定的非震异常。对于图中左端的异常，即 8 月 14～27 日异常，由于该异常在数据窗向前滑动的过程中时有时无，很不稳定，因此在统计过程中未被计入异常。

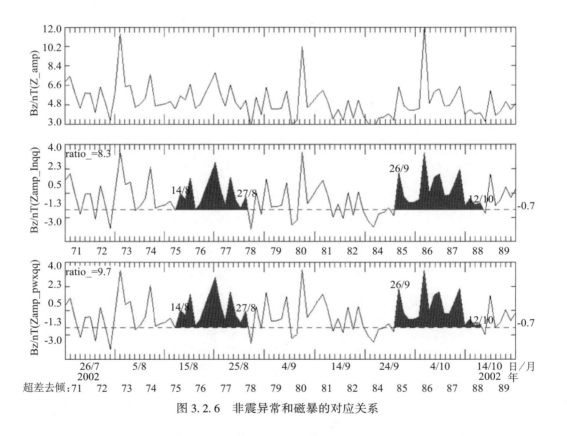

图 3.2.6　非震异常和磁暴的对应关系

2002 年 9 月 26 日至 10 月 12 日异常对应一次强磁暴，如图 3.2.7 所示，图中给出了 2002 年 9 月 25 日至 10 月 14 日期间 Dst 指数的变化曲线，10 月 1 日 Dst 指数出现最低值 −158nT，该磁暴恢复相持续至 10 月 11 日，和异常结束的时间基本吻合。

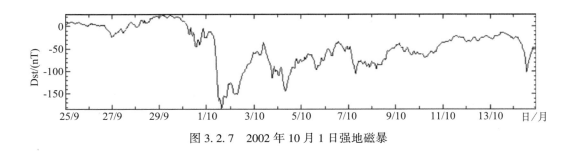

图 3.2.7　2002 年 10 月 1 日强地磁暴

对 2001 年 10 月至 2003 年 8 月期间 11 天以上的非震异常进行统计研究发现，93 例异常有 44 例对应磁暴，对应率为 47%，说明连续超标准值的长时间异常很可能由空间扰动引起。表 3.2.3 给出了非震异常和磁暴对应关系，磁暴强度一栏的强、中和小分别表示由 Dst 指数确定的强、中和小磁暴，无表示该异常没有磁暴对应。在 44 例磁暴中，强、中和小磁暴分别为 15 例、18 例和 11 例，中等以上磁暴数占总磁暴数的 75%，说明中强以上磁暴更易引起地磁异常。

表 3.2.3　非震异常和磁暴对应关系

序号	异常时段 （年–月–日 ～ 月–日）	磁暴强度	序号	异常时段 （年–月–日 ～ 月–日）	磁暴强度
1	2001－10－17～10－31	强	48	2007－11－02～11－15	无
2	2002－01－02～01－13	小	49	2007－11－17～12－01	中
3	2001－11－12～11－25	强	50	2007－12－06～12－22	无
4	2002－02－04～02－20	小	51	2007－12－16～12－28	无
5	2002－03－26～04－06	强	52	2008－01－04～01－16	无
6	2002－05－20～05－31	强	53	2008－01－25～02－11	无
7	2002－05－17～06－12	强	54	2008－03－22～04－07	小
8	2002－07－17～08－01	无	55	2008－05－10～05－21	无
9	2002－08－27～09－10	强	56	2008－06－06～06－20	无
10	2002－09－26～10－12	强	57	2008－07－05～07－16	无
11	2002－11－26～12－08	中	58	2008－08－09～08－21	无
12	2002－12－17～12－28	中	59	2008－08－28～09－19	无
13	2003－03－23～04－05	中	60	2008－09－21～10－07	无
14	2003－06－07～06－19	强	61	2008－10－28～12－06	无
15	2003－09－15～10－02	无	62	2009－01－10～01－27	无
16	2003－10－13～10－24	中	63	2009－02－17～03－01	无

序号	异常时段 （年-月-日 ～ 月-日）	磁暴强度	序号	异常时段 （年-月-日 ～ 月-日）	磁暴强度
17	2004-01-09～01-20	无	64	2009-03-16～04-11	无
18	2004-05-13～05-25	无	65	2009-05-11～06-03	无
19	2004-06-08～06-19	无	66	2009-06-28～07-12	无
20	2004-09-05～09-16	小	67	2009-08-12～09-10	无
21	2004-09-18～10-01	无	68	2009-09-17～10-02	无
22	2004-09-26～10-15	无	69	2009-10-13～11-20	无
23	2004-10-20～11-15	无	70	2009-12-22～ 2010-01-27	无
24	2005-02-05～02-21	中	71	2010-02-26～03-26	无
25	2005-03-12～03-23	无	72	2010-03-30～04-17	中
26	2005-03-28～04-08	中	73	2010-08-23～09-09	无
27	2005-04-24～05-07	强	74	2010-09-21～10-04	无
28	2005-05-20～05-31	强	75	2010-10-06～10-18	中
29	2005-11-03～11-16	无	76	2010-10-14～11-20	无
30	2005-11-22～12-04	无	77	2010-12-12～12-21	无
31	2005-12-02～12-16	无	78	2010-12-28～ 2011-01-24	无
32	2005-12-26～ 2006-01-12	无	79	2011-01-30～02-22	中
33	2006-01-26～02-09	小	80	2011-03-26～04-06	中
34	2006-02-26～03-14	小	81	2011-05-25～06-22	中
35	2006-05-31～06-13	小	82	2011-08-27～09-19	中
36	2006-08-22～09-07	小	83	2011-11-19～12-17	无
37	2006-09-27～10-09	小	84	2012-01-12～02-15	中
38	2006-11-04～11-21	中	85	2012-03-03～03-17	强
39	2007-01-06～01-20	无	86	2012-04-19～04-30	强
40	2007-02-17～03-03	无	87	2012-05-20～06-02	无
41	2007-03-11～04-04	中	88	2012-06-27～07-17	强
42	2007-05-21～06-01	小	89	2012-11-04～12-26	强
43	2007-06-03～06-14	无	90	2013-01-02～01-26	中

序号	异常时段 （年-月-日 ～ 月-日）	磁暴强度	序号	异常时段 （年-月-日 ～ 月-日）	磁暴强度
44	2007-06-20～07-05	无	91	2013-02-16～02-27	无
45	2007-07-31～09-02	无	92	2013-03-01～03-17	强
46	2007-09-12～10-07	无	93	2013-05-10～05-27	中
47	2007-10-17～10-31	小			

3.3 地电场异常识别与震例的初步研究

我国观测网络项目经过"十五"建设，已经布设了108个地电场台站，经过近几年的运行观测，在地电场日常监测过程中，发现其受到各种各样的环境干扰，比如具有金属护栏的高速公路、居民区/厂矿金属管线/网、农/牧民使用铁丝网、电气化铁路/地铁/轻轨、高压直流输电、蔬菜大棚金属框架和诸多气象因素（如气温、气压、温度、水位、降雨）等。由此，我们对气象因素对地电场观测的干扰进行了研究分析，本节重点分析降雨对地电场的干扰。

另一方面，前人的研究发现地球表面存在着天然的变化电场和稳定电场。天然的变化电场是由固体地球外部的各种电流系统与地球介质相互作用，产生分布于地表的感应场。天然的稳定电场主要是由矿体、地下水和各种水系产生的，分布于局部地区，一般具有较大的水平和垂直变化梯度。各种天然的全球性或区域性变化电场称为大地电场；而各种天然的、地方性的稳定电场称为自然电场。这两种电场总称为地电场。在此前提下，当有较大降雨时，使地下水系产生变化，可能会导致自然电场存在变化，致使我们来探索降雨对地电场的干扰成因和现象。

本节还给出了大同台在2010年4月4日大同 M4.5 地震时情况，经核实有些异常是干扰引起的。同时也给出了近两年四川康定 M6.3、云南普洱 M6.6、云南鲁甸 M6.5、甘肃岷县漳县 M6.6、四川芦山 M7.0 发生地震时周围的地电场情况。

3.3.1 降雨对地电场观测的影响

我国进行的大范围、规范化、数字化地电场常规观测是国内外地球物理观测的一大特色，积累了最丰富的的观测数据。目前，关于地磁场的研究十分广泛，已拓展到地球电磁环境研究和电磁场应用的多个领域，地电场与变化地磁场相互联系，但随着我国经济建设的发展，地电场受到的干扰也各种各样，致使其在地震预测预报和地震科学研究中应用不够广泛。我国在"十五"数字化观测网络建成后，进行了大规模、规范化的数字化地电场观测，现将研究降雨对地电场观测的影响情况介绍如下。

3.3.1.1 研究目的和意义

首先，研究降雨量对地电场干扰的幅度和现象，为"数字电磁资料异常识别和报警技术研究"项目提供一种技术基础；其次，研究降雨量是否对地电场造成干扰，可以验证地电场仪器的装置系统的稳定性，提高地电观测数据的质量水平和应用程度，提升地电场观测数据在地震科学研究和地震预测预报中的应用效能。

3.3.1.2　研究内容

收集整理中国区域内东北、西北、华北、华东、华中及一些典型区域的台站地电场和台站附近地区的降雨量资料，并对其进行同步预处理，对降雨参量与地电场进行联合处理研究。分析这些台站地电场的变化与降雨量变化的关系，进而研究大地电场在降雨干扰时的变化，从而解释地电场变化与地下介质变化的关系，验证地电场装置系统的稳定性。

3.3.1.3　研究方法和步骤

在地电场观测中，电极的长期稳定性是关键技术，目前国内外还没有完全解决这个技术问题。目前我国所有地电场观测台站，在布极时同一观测方向均布设长、短极距测道，短极距测道进行观测数据校验。在同一观测方向的长、短极距测道观测数据中，扣除观测系统或场地干扰引起的个别奇异数据后，应用相关系数 $R_{i,j}$（i，j = 1，2，3）衡量观测数据的可用性。在研究过程中，为了尽可能选择应用更可靠的观测数据，加之在规定时间内完成全部数据处理和分析工作量非常大，为此，我们选择了 2008～2009 年 2 年间的东北、西北、华北、华东、华中及一些典型区域的台站地电场和台站附近地区的降雨量进行研究，针对不同的降雨程度如降雨量日累计值在 10mm 以上和 10mm 以下，进行原始曲线对比分析和相关性分析。

另外，由于地电场观测与地下电性结构和测区环境电流干扰有很大关系，因此分析过程中首先排除测量线路漏电、环境电流干扰等因素后，对数据进行预处理，计算地电场的日平均幅值和降雨的日均值，利用原始时间序列和产品数据时间序列对比分析法、时序叠加法，进而分析降雨和水位与地电场的变化关系。

3.3.1.4　初步研究结果

根据不同的场源，地电场分为大地电场和自然场两部分。大地电场是由太阳、太阴活动、星际磁场和地球自转等引起地球外部各种电流系在地球内部感应产生的分布于整个地表或较大区域的变化电场，具有广域性，一般认为大地电场与变化地磁场是同源异象关系。自然电场是由于地壳局部物理、化学条件变化形成的局部性电场，变化频率非常缓慢，但在空间上有较大的变化梯度。大地电场在地面上的分布，不仅取决于外部场源，还取决于地壳和地幔的电性结构。

笔者曾研究了地电场日变化要素，得出大地电场变化分为静日变化和扰日变化。对于静日变化波形总体呈现 2 峰～2 谷、2 谷～2 峰和 1 峰～1 谷的形态，不同台站之间日变化波形不一定都完全相同，多数经度相近、纬度偏南的台其日变化幅度大，随纬度的增高而减小；纬度相近、经度偏西的台站其峰、谷到时晚。另外，静日地电场变化幅度与季节的关系基本符合劳埃德（Loyd）天文季节，夏秋两季地电场日变化幅度大，冬季日变化幅度较小。同时得出地电场日变化的周期成分以 24h、12h、8h 居多，几分钟的短周期成分也很清晰，但 12h 的半日波成分最强。扰日变化则包括地电暴和地电湾扰等变化。地电暴在大范围区域上同步发生，变化形态一致，且与地磁暴周期成分本相同。因此，研究时选取了夏秋两季降雨比较集中的时期的资料，同时剔除扰日变化的影响（表 3.3.1）。

表 3.3.1　降雨量与地电场变化形态统计

台站名称	降雨时段（年-月-日）	降雨量（累计 mm）	变化形态	地电场变化时间	地电场变化幅度	岩性	干扰源
延庆	2012-07-05		缓慢下降	2012-07-05	东西 4mv/km	第四系厚度 329m，下伏侏罗系砂岩。电极埋深为 2m，埋设土质为黄土	
通州	2012-06-21	28	东西有突升，其他测道无变化	2012-06-21	东西 74mv/km	基岩埋深377m，覆盖层为细砂岩和砂黏土互层，基岩为第三系杂色砾岩层电极埋深为 2m，埋设土质为砂黏土	有雷电
宝坻	2012-07-04	13.5	未有明显变化			岩性为第四系砂黏土，厚度约 200m，含水沙层的累积厚度达 90m。基岩为震旦系变质砂页岩	
徐庄子	2012-07-09 2012-07-26	37 136	有突跳阶跃 有阶跃和缓慢升降变化	2012-07-26		出露岩性为第四纪松散沉积层	有雷电
隆尧	2008-07-14 2008-08-13	20.6 26.5	因大幅降雨导致仪器故障 大幅下降，可能与外线路故障有关	2008-07-14 2008-08-13	断数 378mv/km	从地质构造上看大面积为第四纪黄土覆盖，覆盖层厚度达 70 多米	
昌黎	2012-07-29	89	有阶跃和缓慢升降变化		南北 44mv/km	地下岩石为花岗岩，电极埋深 2m，埋设土质为黏土	有雷电
兴济	2012-07-22 2012-07-26	62 49	有缓慢下降变化				有雷电
代县	2008-06-03 2008-08-14	10.5 137	有缓慢升降变化（可能电极极化）	2008-06-03 2008-08-14	东西 3mv/km	地震台一带出露的岩层是：太古界片麻岩系	
夏县	2008-07-30 2008-08-21 2008-10-22	11.9 11.0 14.3	有缓慢升降变化（可能电极极化，或者线路问题）	2008-10-22	东西 7mv/km	台基岩性为黑云母斜长片麻岩	

续表

台站名称	降雨时段（年-月-日）	降雨量（累计 mm)	变化形态	地电场变化时间	地电场变化幅度	岩性	干扰源
大同	2008-08-13 2008-09-21 2008-10-04	15.8 20.3 17.7	无论降雨大小均有突跳阶跃变化			太古界桑干群黑云斜长片麻岩夹斜长角闪岩，混合岩化强烈，上覆盖第四系黄土	
临汾	2008-03-20 2008-04-08 2008-04-11 2008-05-17 2008-08-21 2008-09-09 2008-09-26 2008-09-27	10.1 24.6 12.2 18.4 12.6 19.2 25.8 28.1	有缓慢升降变化	2008-09-26 2008-09-27	东西12mv/km	奥陶系中统灰岩，上覆盖第四系上更新黄土	
义县	2008-06-18 2008-06-30 2008-07-05 2008-07-15 2008-07-31 2008-08-01 2008-08-18	12.7 12.8 105.8 48.4 50.4 88.5 28.3	有阶跃变化	2008-07-05	东西62mv/km	震前旦纪混合花岗片麻岩	可能关机重启有干扰
三岗	2008-07-15 2008-07-23	54.3 65.1	短极距南北、东西有缓慢升降变化，斜道正常，所有测道有阶跃变化	2008-07-15 2008-07-23		地表为第四纪黄土，厚约30m，下部是白垩系砂岩及页岩	
四平	2008-09-23	11.5	有轻度缓慢升降变化	2008-09-23	3km/mv	测区内地表出露为海西期粗粒花岗岩。地电、地下水观测点自地表下11m为第四系黏土，亚黏土；11～96m为白垩系粉砂岩，泥岩互层，96m以下基底为海西期花岗岩	

续表

台站 名称	降雨时段 （年-月-日）	降雨量 （累计 mm）	变化形态	地电场 变化时间	地电场 变化幅度	岩性	干扰源
榆树	2008-07-03 2008-07-06 2008-07-09	19.3 20.5 32.7	有阶跃变化	2008-07-03	1km/mv	第四系盖层较厚，一般为 70～90m，50m 以上为黄土及亚黏土（Qp₂），其下为中细砂及砾石（Qp₁），下伏基底为巨厚白垩、侏罗系泥岩页岩及粉砂岩	
长白山	2008-07-15 2008-07-16 2008-07-21	28.2 22.1 40.0	有缓慢升降变化	2008-07-15 2008-07-16			
乌什	2008-09-05	2.0	有阶跃，缓慢变化	2008-09-05	南北 24km/mv	电极埋深 3.5m	有雷电
温泉	2008-07-06	2.4	有阶跃，缓慢变化	2008-07-06	南北 12km/mv	电极埋深 3.5m	有雷电
克拉玛依	2008-05-05	2.4	有缓慢下降变化	2008-05-05		第四纪松散沉积岩。电极埋深 3.6m	
满洲里	2008-08-21		无变化				
绥化	2009-06-25	1.5	无变化				
德都	2009-06-25	0.6	无变化				

　　分析处理了 23 个台站的降雨量与地电场的数据。23 个台站的地表岩性大多为第四系黄土或者砂黏土，电极埋深多为 2～5m 左右。从表 3.3.1 中可以看出，用原始曲线对比分析法可以看到，在观测系统正常，环境正常的情况下，小量降雨对地电场观测并无明显干扰，但如果存在雷电，则可能对地电场有一定的雷电效应。如图 3.3.1 和图 3.3.2 所示，乌什台和温泉台虽然当天在 15：54 最大降雨量累计不超过 2.5mm，但伴随有较强雷电，因此地电场受一定干扰变化。宝坻台 2012 年 7 月 4 日 21～23h 降雨，降雨量累计达 13.5mm，但未发现对地电场数据产生明显影响（图 3.3.3）。

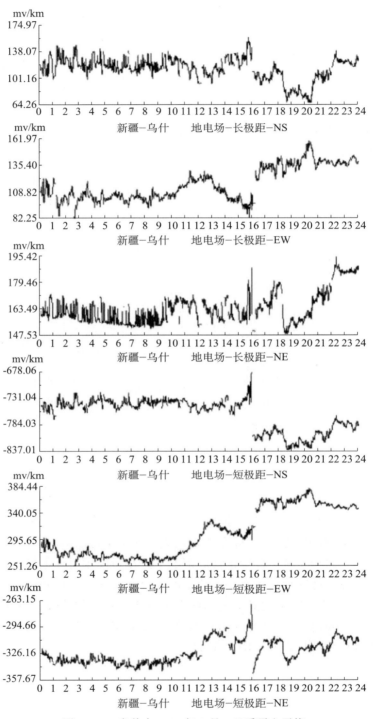

图 3.3.1　乌什台 2008 年 9 月 5 日受雷电干扰

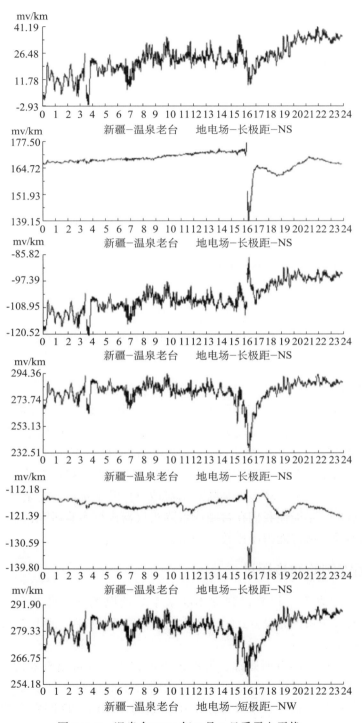

图 3.3.2 温泉台 2008 年 7 月 6 日受雷电干扰

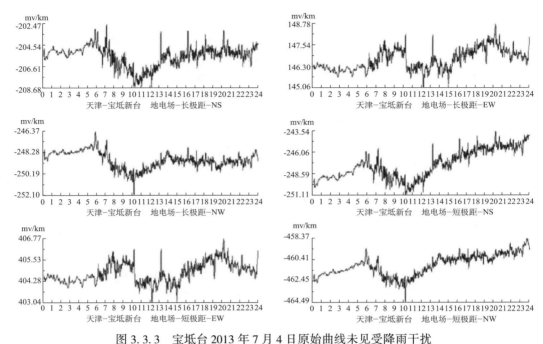

图 3.3.3　宝坻台 2013 年 7 月 4 日原始曲线未见受降雨干扰

3.3.1.5　小结

从以上论述中可以得出在大幅度的雷雨环境下，由于装置系统（电极及外线路）受到降雨的影响，很容易产生接触不良或者漏电的情况，致使地电场产生阶跃性的变化。因此，如果我们加强地电场装置系统的绝缘性，会使观测资料质量有所提高。在长期的降雨环境下，有可能使地下水系和介质发生变化，使得地电场数据产生趋势性的变化。由于地电场装置系统的复杂性，在各种干扰环境下判断降雨对地电场的干扰显得复杂，再加上课题的局限性和时间上的紧迫性，不能使我们在台站或者购买仪器进行实验研究，若是有充分的时间或者经费进行实地实验，或许能得出比较好的结论。

3.3.2　地电场震例的初步探讨

中国地震局自"九五"以来已建立 100 多个大地电场地震监测台，观测仪器多采用 ZD9A 地电场仪，测量电极的布设方式为三个方向，长短两种极距，其中长极距为 200～300m、短极距为长极距的 1/2 左右。

尽管在会商时对地电场有所跟踪，但在地震前并没有提取出有效的前兆异常。震后总结，也没有发现明显的前兆异常与地震对应：大同台在 2010 年 4 月 4 日大同 $M4.5$ 地震之前出现了异常变化，但是经核实有些异常是干扰引起的；在研究期间发生的 2014 年 11 月 22 日四川康定 $M6.3$ 地震、2014 年 10 月 7 日云南普洱 $M6.6$ 地震、2014 年 8 月 3 日云南鲁甸 $M6.5$ 地震、2013 年 7 月 22 日甘肃岷县漳县 $M6.6$ 地震和 2013 年 4 月 20 日四川芦山 $M7.0$ 地震之前也未出现显著的地电场异常变化。

3.4 电磁异常识别与预警模块

数字电磁前兆资料异常识别模块的设计思路为：对原始数据进行预处理，生成预处理数据，采用一定的数学方法检测数据异常事件并提取需要的信息，结合异常指标信息采用异常识别方法提取异常，最后对异常信息进行输出。总体框架如图 3.4.1 所示。异常识别模块包括数据处理方法、异常识别方法和异常信息输出。在数据分析之前需要对原始数据进行去突跳，提出明显干扰错误数据等。为此异常识别模块的分析数据为经预处理后的地电阻率日均值数据和地电场分钟值数据。

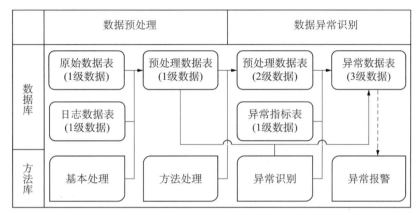

图 3.4.1 数字电磁前兆资料异常识别模块总体框架

电磁异常识别分析流程为：对预处理数据采用小波分解或数字滤波方法提取地电阻率资料的趋势变化、年变化和去年变后曲线，利用端点检测方法截取地电场数据中超过正常限差的阶跃信号或脉冲丛集信号，而后分别提取地电阻率趋势异常、年变畸变和幅度限差数据异常，提取符合长短极距相关原则的地电场数据异常，最后生成可直接使用的异常信息数据、文本文件和相应的 PPT 文件。数字电磁前兆资料异常识别模块分解如图 3.4.2 所示。

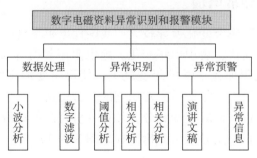

图 3.4.2 数字电磁前兆资料异常识别模块分解

3.4.1　地电阻率趋势异常识别

地电阻率趋势类异常是指持续 2 年以上的背景性连续上升或下降变化。分析思路为：采用数值滤波或小波分解对日均值预处理序列进行处理，提取周期 2 年以上的成分，然后采用一阶差分判断趋势成分的变化方向，并计算各趋势变化阶段的累计相对变化幅度，当地电阻率趋势变化幅度超过一定限差时认为存在趋势异常。分析流程如图 3.4.3 所示。研究发现，一个大区域内多数台站在同一年前后相继发生趋势变化转折现象，在发生转折后该区域有 5 级地震（或能量累计相对于 5 级地震）丛集现象。目前认为，趋势异常主要反映区域应力场的局部调整，在区域内台站已有趋势变化背景上如出现年变畸变或年尺度限差异常，表明孕震已进入中短期阶段。

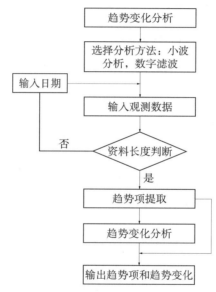

图 3.4.3　地电阻率趋势变化分析流程图

3.4.2　地电阻率年变异常识别

由于降雨和浅层地温随季节变化差异较大，我国地电阻率台站，尤其是位于北方的多数台站观测资料随季节周期起伏，表现出年变化。地电阻率年变异常是指在孕震应力作用下，深部介质电阻率发生变化附加在正常的年变之上，使得年变形态发生畸变、幅度增大或减小，有时候年变形态几乎消失。年变类异常识别的分析思路为：采用数值滤波或小波分解对日均值预处理序列进行分析，提取年变成分，计算分析时段各年份的平均年变幅度，年变幅度超过一定限差时认为存在年变异常。分析流程如图 3.4.4 所示。

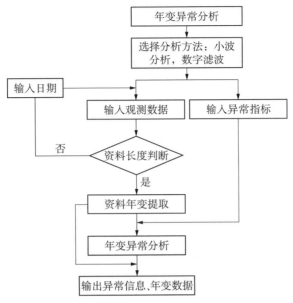

图 3.4.4　地电阻率年变异常分析流程图

3.4.3　地电阻率幅度限差异常识别

地电阻率年尺度异常表现为持续 1 年或半年尺度的快速上升或下降，是地电阻率主要的异常形态，在时间尺度上为中短期异常，反映孕震区应力加载已经临近失稳极限。震例研究表明，在无干扰情况下，地电阻率相对变化幅度在年尺度范围内超过 1.5% 可视为异常，对于部分变化较为平稳的台站，1.0% 的相对变化可视为异常。分析思路为：采用数值滤波或小波分解对日均值预处理序列进行分析，提取趋势变化和年变成分，在预处理数据去除年变化后将其与趋势变化进行对比，计算个上升区间和下降区间的最大幅度，下降或上升幅度超过 1.5% 或 1.0% 视为出现幅度限差异常。分析流程如图 3.4.5 所示。

3.4.4　地电场长短极距相关异常识别

地电场长短极距相关异常分析是基于希腊 VAN 观测原理，在孕震区到台站的距离超过一定值后，孕震区产生的电信号在台站测区范围内可近似为均匀电场，在电场方向与各测线不垂直的情况下，地电场能记录到叠加在正常背景电场之上的震电信号，且电场方向一般与背景电场方向不同。同时，近源干扰信号和电极噪音则不满足信号均匀性条件，在不同方向长短极距上产生的附加信号幅度或变化方向及相关系数差异较大，因此采用长短极距地电场观测值可以排除电极和环境噪音，并提取远场信号。在测区地下介质电性均匀性的假设下，在孕震晚期产生的电信号被认为是远场信号，至少在地电场观测系统的两个观测方向上同步出现阶跃或高频次脉冲信号。分析思路为：处理 3 个方向长短极距 6 道分钟值预处理观测资料，以电场幅度限差检测 6 个或 4 个道观测数据从同步出现的阶跃变化或高频次脉冲变化数据异常事件，截取各数据异常事件，比较同一方向上长短极距电场信号的幅度，若每一方向

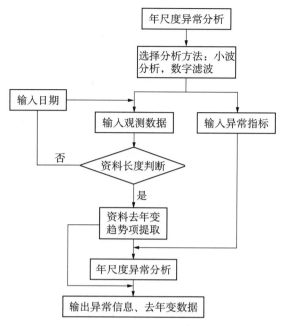

图 3.4.5　地电阻率幅度限差异常分析流程图

上长短极距信号幅度比达到 0.8 以上，则计算长短极距信号的相关性，若每一方向上（有时候为两个方向）相关性达到 0.8 以上则认为是远场异常信号。因为磁暴或雷电等远场信号对地电场观测的影响较大，需要查询空间天气 K 数和台站记录的雷电情况，并结合其他区域台站的同步变化予以排除，最终将剩余的数据异常事件视为地电场长短极距相关异常。分析流程如图 3.4.6 所示。

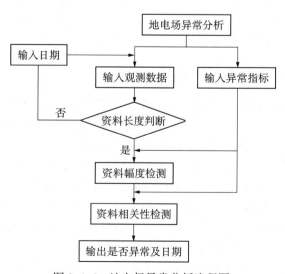

图 3.4.6　地电场异常分析流程图

3.5　观测资料预报效能评估

前兆观测资料是地震分析预报的重要基础支撑，在日常震情跟踪分析工作中起着重要的作用，观测数据质量和地震预测效能直接影响着前兆异常在震情研判中的信度，高信度的异常是区域地震震级水平和时间紧迫程度估计、年度地震重点危险区确定的重要依据。开展前兆资料预报效能评估工作，就是从地震预报实际需求出发，科学客观评价各类前兆观测资料的数据质量和出现异常后对地震预测的效能，能够为日常震情跟踪特别是学科年度会商提供重要支撑。在 2011 年地震电磁学科前兆观测资料预报效能试评估的基础上，研讨电磁学科预报效能综合评价规范，在 2013 年开展电磁学科前兆观测资料预报效能评估工作，共涉及 30 个省（自治区、直辖市）的地电阻率、地磁、地电场和电磁扰动观测资料，其中地电阻率有 66 个台站，地磁有 143 个台站，地电场有 100 个台站，电磁扰动有 23 个台站，共计 332 个台站参与评估。

3.5.1　观测资料预报效能评估细则

3.5.1.1　基本要求

参与评估的观测项目为目前正在运行并向中国地震局报送资料，或未向中国地震局报送资料但用于省（区、市）局日常会商的全部观测站（点）测项。

（1）对照评估标准对每个观测站（点）的测项进行评估，给出各观测网所属测项的评估结果。

（2）对每个测项进行打分，采取百分制分值评价结果。

（3）观测项按得分情况从高分到低分进行名次，按照分值确定 A～D 四个等级，给出各类观测网的测项预报效能评估结果表。

（4）汇总完成评估报告，提出存在问题及改进建议。

3.5.1.2　评估标准

针对电磁学科的观测资料划分：基础资料（25 分）（预设分值，下同）、资料质量（30 分）、影响因素（20 分）、震例评估（25 分）共四类进行评估；特殊情形下：资料质量 <20 分，可评 D 类；观测环境严重破坏，可评 D 类。

（1）基础资料（25 分）。

观测值合理性（10 分）：指观测物理量的合理性。

测点与地质构造关系（5 分）：指台站布局合理性。

①区域地质构造（3 分）；

②周围地震活动性（1 分）；

③测区局部地质资料（1 分）。

测点配套性（5 分）：是否有地下水位、降雨量、温度、湿度观测等。

地电：地下水位（2 分），降雨量（1 分），温度（1 分），湿度（1 分）；

地磁：温度（4 分），湿度（1 分）。

其他基础资料（5分）：如电测深曲线、地磁梯度测量、柱状和剖面图等。

地电：电测深曲线（4分）；柱状和剖面图（1分）。

地磁：地磁梯度（5分）。

（2）资料质量（30分）。

稳定性：年变改变或状态改变没有规律（10分）。

①年变清晰状态稳定（10分）；

②存在年变但逐年形态有较大差异（8分）；

③资料阶段性稳定，中间存在无故过渡性变化（7分）；

④观测资料不稳定且无规律（5分）。

连续性（10分）：连续缺数1个月以上计为缺数，目前回溯。

①10年不缺数（10分）；

②3～10年内缺数（8分）；

③3年以内缺数（6分）。

观测长度（7分）：

①10年以上（7分）；

②10～3年（6分）；

③3年以下（5分）。

辅助观测资料质量（3分）：例如地下水位、降雨量、温度、湿度等。

①连续稳定（3分）；

②存在缺数（1个月以上）或不稳定（2分）。

（3）影响因素（20分）。

观测技术系统工作状况（5分），主要包括：

A. 地电室内观测系统（3分）

□仪器标定结果是否存在问题

□仪器稳定性是否存在问题

□仪器面板是否漏电

□稳定电源是否存在问题

□仪器操作是否存在问题

□避雷系统是否正常等

评分：全无（3分），有一项（2分），有两项以上（含）（0分）。

B. 地电室外接收系统（2分）

Ⅰ类（1分）：

□AB供电线路绝缘情况

□MN测量线路绝缘情况

□供电与测量线路有无漏电等

Ⅱ类（1分）：

□外线路是否滞架在树枝上

□瓷瓶是否清洁

□供电与测量电极接地电阻有无变化

评分：每一类型的列项中有一项以上（含），该类不得分。

C. 地磁仪器系统（5分）

Ⅰ类（2分）：

□探头有无故障

□标定或校测是否正常等

□供电系统（交流、直流、充电机是否正常）

Ⅱ类（1分）：

□数字显示器有无故障

□接线和线路接口有无故障

□时间服务装置有无故障

Ⅲ类（2分）：

□避雷系统是否正常

□仪器操作有无不当

评分：每一类型的列项中有一项以上（含），该类不得分。

观测环境（10分），主要包括：

□测区内有无兴建大型变电站、变电器

□测区有无兴建厂房及机电设备

□测区有无兴建民用住宅

□测区内有无高压线路通过

□测区内是否有无线电台、广播电台和通信设施

□观测墩是否塌倾、破裂或腐蚀、移动

□观测房内、外磁性物体是否移动

□观测房外大环境是否有变化等

□地下水水质有无变化

□地表有无积水

□是否有农田灌溉浇水

□测区内是否动土

□测区附近是否兴建公路、铁路和城铁

□测区有无埋设农田或民用水管或铁丝网或金属支架蔬菜大棚

□是否有养牛、养鸡或养猪场

□流动铁器（汽车、三轮车、自行车）等

评分：按方法选择相应的干扰项，有一项扣2分，最多扣10分。

自然环境（5分），主要包括：

□风沙是否很大

□降雨有无异常

□有无降雾

□空气湿度是否很大

□近处或远处雷电有无影响等

评分：按方法选择相应的干扰项，有一项扣1分，最多扣5分。

（4）震例评估（25分）。

具有长趋势异常、年度异常、短临异常的震例（15～25分）。震例5级200km，6级300km，7级以上500km。

①有3次以上（含3次）震例，25分；有2次震例，20分；有1次震例，15分。

②无异常并在无震判定中起作用（15分）。

③台站周围200km内无5级地震且无异常（10分）。

④有异常无地震或无异常有地震（0分）。

3.5.1.3　评价分级

A类（优秀，80分以上）；B类（良好，70～79分）；C类（一般，60～69分）；D类（差，59分以下）。

注：①需在备注栏中对基础资料、资料质量情况和影响因素做说明；②影响因素不在列举范围内的，需打分并在备注栏中说明；③震例评估的备注栏中请填写所选项。

3.5.2　评估结果

（1）地电阻率资料预报效能评估情况。

参评的30个省（自治区、直辖市）的66个地电阻率观测台站中，评定为A级的台站有16个，占24%；B级有22个，占33%；C级有15个，占23%；D级有13，占20%。评分等级比例分布如图3.5.1所示。在评为D级的13个台站中有11个是因为特殊情况，观测环境破坏严重等原因造成的。

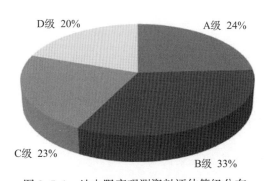

图3.5.1　地电阻率观测资料评估等级分布

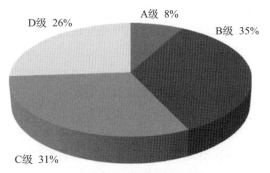

图3.5.2　地电场观测资料评估等级分布

（2）地电场资料预报效能评估情况。

参评的30个省（自治区、直辖市）的100个地电场观测台站中，评定为A级的台站有8个，占8%；B级有35个，占35%；C级有31个，占31%；D级有26，占26%。评分等级比例分布如图3.5.2所示。

（3）地磁资料预报效能评估情况。

参评的 30 个省（自治区、直辖市）的 143 个地电场观测台站中，评定为 A 级的台站有 38 个，占 27%；B 级有 72 个，占 50%；C 级有 14 个，占 10%；D 级有 19，占 13%。评分等级比例分布如图 3.5.3 所示。

（4）电磁扰动资料预报效能评估情况。

参评的 30 个省（自治区、直辖市）的 23 个电磁扰动观测台站中，评定为 A 级的台站有 4 个，占 17%；B 级有 4 个，占 17%；C 级有 11 个，占 49%；D 级有 4，占 17%。评分等级比例分布如图 3.5.4 所示。

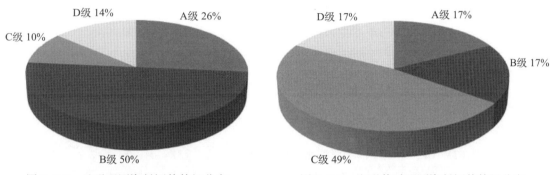

图 3.5.3 地磁观测资料评估等级分布　　图 3.5.4 电磁扰动观测资料评估等级分布

3.5.3 预报效能评估结果分析

依据 2013 年电磁学科前兆观测资料预报效能评估结果，给出了各类电磁观测仪器的预报效能，结果见表 3.5.1（空格表示未参评）。以下按地电阻率、地电场和地磁三类观测仪器分别进行分析。

地电阻率仪器及监测预报效能评估 A+B 结果显示，监测预报效能评估结果为 A 或 B 的测点占本仪器所有测点 40% 以上的仪器型号为：ZD8B 地电仪和 ZD8BI 地电仪。地电阻率仪器及监测预报效能评估 D 结果显示，ZD8B 地电仪中 D 类台站占 30% 以上，DDC-2B 地电仪只有一个台站布设，评为 D 类，目前已经停测。

从地电场仪器测点数目可以看出，目前地电场仪器仅有两个型号，分别为 ZD9A 电场仪和 ZD9A-2 电场仪，其中 ZD9A 运行有 10 个台站，ZD9A-2 运行有 93 个台站。地电场仪器及监测预报效能评估 A+B 结果显示，ZD9A 电场仪检测预报效能 A 类和 B 类的台站占 60%，而 ZD9A 电场仪检测预报效能 A 和 B 类的台站只占 40%。地电场仪器及监测预报效能评估 D 结果显示，ZD9A 和 ZD9A-2 电场仪监测预报效能为 D 类的台站占比都为 30% 左右。

地磁仪器测点数目显示，目前地磁类仪器在观测台网中运行较多的为 CTM-DI、FHD-2、FHDZ-M15、G856、GM-4 和 MINGEO 磁力仪。地磁类仪器及监测预报效能评估结果 A+B 类显示，监测预报效能评估结果为 A 或 B 的测点占本仪器所有测点 60% 以上的仪器型号为：FHD-2、FHDZ-M15、GM-3、GM-4、GSM-19FD、Mag2kp 和 MINGEO 地磁仪。地磁类仪器及监测预报效能评估 D 类结果显示，监测预报效能评估结果为 D 的测点占本仪器所有测点20%以上的仪器型号为：CTM-DI、FHD-1、G856、G856AX、MAG-01H 和 MINGEO 地磁仪。

表 3.5.1 各电磁观测仪器预报效能结果

观测仪器	仪器型号	生产厂家	观测点数	A	B	C	D
地电仪	C-ATS	广东省地震局	1	0	0	1	0
	DDC-2B	重庆地质仪器厂	1	0	0	0	1
	ZD8B	中国地震局地震预测研究所	33	8	7	7	11
	ZD8BI	中国地震局地震预测研究所	28	8	8	8	4
地电场仪	ZD9A	中国地震局地震预测研究所	10	1	5	1	3
	ZD9A-2	中国地震局地震预测研究所	93	5	33	29	26
地磁仪	CB3	中国科学院地球物理研究所	5				
	CHD-6	北京地质仪器厂	2				
	CR2-69	北京地质仪器厂	1				
	CTM-DI	中国科学院地球物理研究所	31	7	2	11	8
	CZM-2	北京地质仪器厂	8				
	DTZ-2		1	1	0	0	0
	FGE	丹麦气象研究所	2	1	0	0	0
	FHD-1	江苏省新沂市经纬电子有限公司	15	2	6	2	5
	FHD-2	江苏省新沂市经纬电子有限公司	64	32	11	12	9
	FHD-2B	江苏省新沂市经纬电子有限公司	1				
	FHDZ-M15	北京天祥地球物理技术开发公司	28	19	5	1	3
	G856	深圳华隆地球物理仪器工贸公司	28	7	4	6	8
	G856AX	深圳华隆地球物理仪器工贸公司	9	1	3	2	3
	GM-3	中国地震局地球物理研究所	10	7	1	1	1
	GM4	北京天祥地球物理技术开发公司	2				
	GM-4	北京天祥地球物理技术开发公司	70	45	6	11	8
	GSM-10	加拿大 GEM 公司	1				
	GSM-19F	加拿大 GEM 公司	1				
	GSM-19FD	加拿大 GEM 公司	3	3	0	0	0
	M390	法国	1				
	MAG-01H	英国 Barting 公司	2	1	0	0	1

续表

观测仪器	仪器型号	生产厂家	观测点数	A	B	C	D
地磁仪	Mag2kp		1	1	0	0	0
	MINGEO	北京隆通盛达科技有限公司	28	9	11	2	6
	OVERHAUSER	加拿大 Marine Magnetics 公司	1	0	0	1	0
	PPM−739C		4				

3.6　小结

本章围绕数字电磁资料受干扰变化和正常背景变化特征，研究地震前短临异常变化，研发数字电磁资料异常识别与告警技术，为数字电磁资料异常自动报警提供基础，取得了以下研究成果和认识。

（1）地电阻率异常识别和干扰抑制方法。

采用有限元数值分析方法，依据台站电测深数据，建立三维模型对地表局部电性异常干扰源观测引起的干扰幅度和特征进行定量计算；讨论了地电阻率观测对地表干扰电流的抑制作用，分析了井下观测年变幅度随极距和埋深的变化，计算了井下观测各层介质随极距和埋深的二维影响系数分布，以及河源台的详细分析，可为井下观测系统设计提供一定的参考；得到了地电阻率观测三维影响系数分布和干扰因素对观测影响的动态变化特征；结合测区地层与电性结构从机理上解释了地电阻率相反年变现象，进一步丰富了地电阻率的基础理论。

（2）地磁异常识别方法。

基于利用嘉峪关台地磁资料，对滤波幅相法的异常提取指标体系进行分析验证，认为已有的指标体系对提取近几年的地震异常仍有较好的效果；从对典型震例的研究发现，滤波幅相法配合低点位移法可以有效地缩小预测发震区域。不同地区的滤波幅相法有着不同的异常提取指标体系，这需要通过分析当地的地磁和地震资料，以尽量减少虚报率为标准，通过统计总结获得。为了达到掌握更多地区的异常提取指标，我们已经完成对我国的地磁台站数据进行了初步梳理。

（3）地电场资料异常识别与震例的初步研究。

分析了降雨对地电场观测的干扰特征，在观测系统正常，环境正常的情况下，小量降雨对地电场观测并无明显干扰，但如果存在雷电，则可能对地电场有一定的雷电效应。

（4）电磁异常识别与预警模块。

在资料分析的基础上，研发了电磁资料异常识别与预警模块，对原始数据进行预处理，采用一定的数学方法检测数据异常事件并提取需要的信息，结合异常指标信息采用异常识别方法提取异常，最后对异常信息进行输出。

（5）观测资料预报效能评估。

在 2011 年地震电磁学科前兆观测资料预报效能试评估的基础上，提出了预报效能综合评价规范，2013 年对全国各省（自治区、直辖市）地震局提交的地震电磁前兆观测资料

（地电阻率、地磁、地电场和电磁扰动）开展了预报效能评估工作，得到了各观测资料的地震预报效能。

参 考 文 献

丁鉴海，车时，等．地磁日变地震预报方法及其震例研究．北京：地震出版社，2009

丁鉴海，卢振业，等．地震地磁学．北京：地震出版社，1994

冯志生，姜慧兰，蒋延林．地磁幅相法中的年变消除及在常熟 M_S5.1 地震前兆分析中的应用．地震学刊，1996，1：53～57

冯志生，王建宇，等．地磁 Z 分量幅相法临震标志体系．地震，1998，18（2）：206～210

冯志生，张苏平，梅卫萍，等．基于数字地磁资料的滤波幅相法初步应用研究．地震，2006，26（1）：93～98

蒋延林，王建宇，赵卫红．盐城台—杭州台地磁幅相法临震异常标志体系．地震学刊，2000，20（1）：45～48

解滔，杜学彬，陈军营，等．井下地电阻率观测中地表电流干扰影响计算．地球物理学进展，2012a，27（1）：112～121

解滔，杜学彬，郑国磊，等．水平两层均匀介质中井下电阻率观测信噪比的理论计算．西北地震学报，2012b，34（1）：18～22

康云生，安海静，马可兴，等．天水地电阻率地表与井下多种观测方式的试验分析．地震工程学报，2013，35（1）：190～195

刘昌谋，桂燮泰，柴剑勇，等．河源地电台全空间地电阻率试验．华南地震，1994，14（3）：40～45

刘允秀，吴国有，王蕃树，等．深埋电极地电阻率观测的实验结果．见：地震预测——地电方法论文集．福州：福建科学技术出版社，1985，206～216

聂永安，巴振宁，聂瑶．深埋电极的地电阻率观测研究．地震学报，2010，32（1）：33～40

聂永安，姚兰予．成层半空间深埋电极产生的电位分布．中国地震，2009，25（3）：246～255

钱家栋，曹爱民．1976 年唐山 7.8 级地震地电阻率和地下水前兆综合物理机制研究．地震，1998，18（Sup.）：1～9

钱家栋，陈有发，金安忠．地电阻率法在地震预报中的应用［M］．北京：地震出版社，1985，103～107，187～225

苏鸾声，王邦本，夏良苗，等．井下电极观测地电阻率排除地面干扰的实验．地震学报，1982，4（3）：274～276

田山，刘允秀，聂永安，等．地震地电阻率观测改进方法研究—电测井技术的移植应用与数值模型分析．地震学报，2009，31（3）：272～281

王兰炜，朱旭，朱涛，等．地电阻率多极距观测系统及实验研究．地震，2011，31（1）：20～31

王武星，丁鉴海，余素荣，等．汶川 M_S8.0 地震前地磁短临异常与强震预测探索．地震学报，2009，31（2）：172～179

严玲琴，郑卫平，张辉，等．临夏台地电阻率变化与震兆现象分析．中国地震，2013，29（1）：168～176

岳庆祥，张碧吾，赵桂林．四平地震台地质构造环境及区域岩层电性结构特征．东北地震研究，1998，14（2）：14～20

张秀霞，李飞，杨冯威，等．蔬菜大棚对新沂地震台地电阻率的影响．地震地磁观测与研究，2009，30（suppl.）：32～36

Coggon J. H., Electromagnetic and electrical modeling by the finite element method. Geophysics, 1971, 36: 132

-155

Dey A. , Morrison H F. , Resistivity modeling for arbitrary shaped three ～ dimensional structures. Geophysics, 1979, 44 (4): 753-780

Li Yuguo, Spitzer K. , Finite element resistivity modeling for three ～ dimensional structures with arbitrary anisotropy. Pepi. , 2005, 150: 15-27

Lowry T. , Allen M. B. , Shive P. N. , Singularity removal: a refinement of resistivity modeling techniques. Geophysics, 1989, 54: 766-774

Park S K, Van G P. Inversion of pole～pole data for 3～D resistivity structure beneath arrays of electrodes, Geophysics, 1991, 56 (7): 951-966

Roy A, Poddar M. A simple derivation of Seigel's time domain induced polarization formula. Geophys. Prospect, 1981, 29 (1), 432-437

Seigel H O. Mathematical formulation and type curves for induced polarization. Geophysics, 1959, 24 (3), 547 -565

Wait, J. R. Towards a general theory of induced electrical polarization in geophysical exploration. IEEE Trans Geosci Remote Sensing GE, 1981, 19 (4), 231-234

Zhao S. , Yedlin M. , Some refinement on the finite ～ difference method for 3 ～ D dc resistivity modeling. Geophysics, 1996, 61: 1301-1307

第四章 数字流体数据异常识别和报警技术

数字流体数据异常识别和报警技术研究主要开展了五个方面的工作，分别是数字化流体资料的归类整理、数据处理与异常识别方法调研、流体数据处理方法的模块化、流体资料预报效能评估规范和流体异常分析方法及实用化。图 4.0.1 为本章所讨论内容的整体研究思路和方案，如图所示，在紧扣研究目标的前提下，五项内容之间彼此联系、相互支撑。

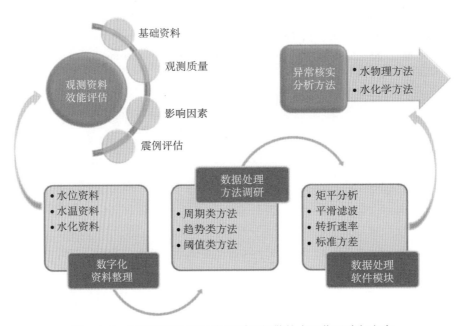

图 4.0.1 数字流体数据异常识别和报警技术工作思路与方案

首先，对数字化流体资料进行了归类整理，主要包括水位、水温和水化数字化观测资料；其次，针对各类资料自身的特征和前兆指示意义，在查阅前人研究成果的基础上，进行了不同资料的数据处理方法调研，并对调研得到的不同方法进行了归类整理，主要包括周期类、趋势类和阈值类数据处理方法；最后，在方法调研的基础上，筛选出相对比较成熟、可实用化的数据处理方法，进行了方法的计算机程序化和模块化，达到数据可自动化识别异常和批处理的功效，方法主要有矩平分析、平滑滤波、转折速率和标准方差等。

为更好地认识各类方法所提取的流体异常及其可靠程度，一方面需要对数字化流体资料本身的可靠性进行评估，另一方面需要对提取得到的异常进行核实和可靠性分析。因此，在完成资料整理、方法调研和方法程序化后，我们开展了数字化流体观测资料效能评估和异常核实方法探索研究。其中，流体观测资料效能评估主要对全国 1278 项流体观测资料从基础资料、观测质量、影响因素和震例四个方面进行了评估；异常核实方法调研主要从水物理和水化学两个方面，针对当前流体观测中存在的典型干扰因素及其异常分析方法进行了调研及实用化研究，主要包括地下水开采干扰分析和水文地球化学分析方法。

4.1　数字化流体资料的归类整理

收集南北地震带和华北地区近 10 年的数字化流体观测资料，包括氡、汞、气体和化学离子、水位、水温、流量等观测数据及气象资料等辅助资料，并对收集到的数字化观测资料依据采样率、可靠性、稳定性以及映震能力等几个方面进行了分类和预处理。

4.1.1　水位观测资料质量和观测曲线分类

据中国地震前兆台网数据统计表，其中，"十五"和"十一五"测项中水位共 215 项，通过对中国地震台网中心数据库（以下简称数据库）进行整理核实，将数据分为三类：数据库能找到该测项且名称一致，数据完整率较好的（≥90%）；数据库能找到该测项且名称一致或不一致可确定是同一个测项，但数据完整率不好的（<90），或者，近期数据没有或中间连续多次多月断数；数据库中未能找到该测项。另外，流体学科统计表中台项信息完全一致的重复项，但不确定是同一观测井有多套仪器，或是统计错误，标为第四类。

依据上述标准，第一类数据共 132 个，第二类数据共 21 个，第三类数据共 45 个，第四类数据 8 个。由于北京地震局的 9 个台项与数据库里的测项名字完全对应不上，但近两年数据连续，故统计中暂不包括这 9 项信息（图 4.1.1）。

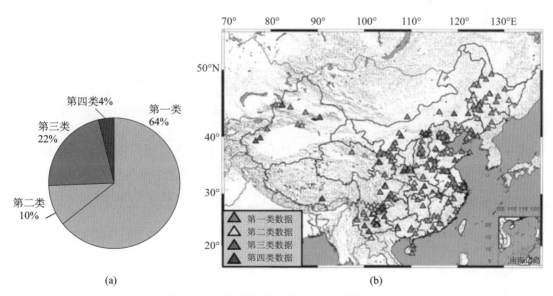

图 4.1.1　水位数据分类（a）和分布（b）

　　井水位的动态类型较为复杂，结合前人研究成果，根据"九五""十五"工作基础和数据库里水位变化具体特征，将水位动态分为 6 种类型：①趋势上升型；②趋势下降型；③较平稳型；④起伏年变较好型；⑤起伏年变较差型；⑥复合型。依据上述标准，上述第一类 132 项水位数据进行分类汇总，趋势上升型 9 项，趋势下降型 13 项，趋势平稳型 27 项，起伏年变较好型 31 项，起伏年变较差型 44 项，复合型 8 项。汇总结果如图 4.1.3 所示。

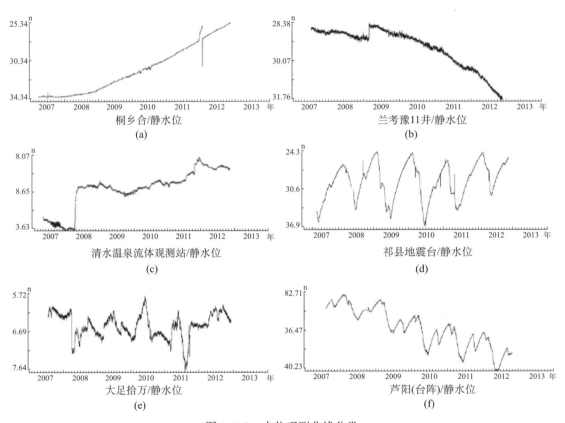

图 4.1.2　水位观测曲线分类
（a）趋势上升型；（b）趋势下降型；（c）平稳型；（d）年周期型；（e）起伏型；（f）复合型

　　图 4.1.3 显示，就"十五"数据来看，水位趋势上升区主要集中在浙江南部和上海地区，水位趋势下降区主要集中在鲁豫交界位置，其他类型分布无明显集中地区。

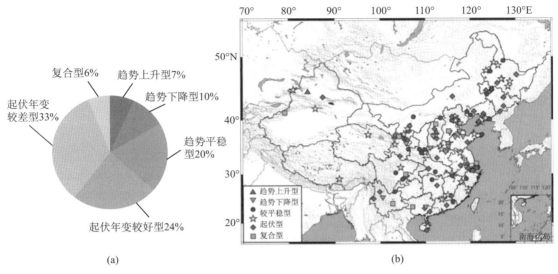

图 4.1.3 水位趋势分类（a）和分布（b）

4.1.2 水温观测资料质量和观测曲线动态类型

井水温度作为一项重要的前兆观测项目，分析其长期正常动态，对水温观测研究和前兆异常识别都具有重要意义。课题组对我国数字化水温的长期正常动态进行了分类。

（1）资料情况：资料来源于中国地震台网中心前兆数据库，测项标注为浅层水温、中层水温、深层水温和泉水温度，共收集到 310 个测井（共 356 个测点，同井多测点的井孔只选取观测质量较好的测点），剔除掉 13 个数据不满一年的井孔，样本总计 297 个。

（2）分类方法：考虑到数据情况以及已有的研究成果（车用太等，2008；赵刚等，2009），数字化水温的正常动态可分为：年变型、稳定型、波动型、跳变型、漂移型和组合型 6 种。

年变型指的是井孔观测点处的温度呈年周期变化的动态类型；稳定型指的是井孔观测点处的温度随时间变化较小，基本呈线性上升或下降，温度年变幅不超过 0.01℃ 的动态类型；波动型指的是井孔观测点处的温度随时间变化较大，呈无规则长期波动的动态类型；跳变型指的是井孔观测点处的温度每年出现几次温度突升、突降的动态类型；漂移型是指井孔观测点处的温度随时间变化较大，基本呈线性上升或下降，温度年变幅度超过 0.01℃ 的动态类型，漂移型分为升温漂移和降温漂移；组合型是指以上 5 种类型的组合，例如漂移型和年变型组合、漂移型和波动型组合等。

（3）分类结果：按照以上分类方法，我们对全国 297 个井孔的水温正常动态进行了分类统计。正常动态统计结果见表 4.1.1，正常动态分布情况见图 4.1.4 和图 4.1.5。图中显示，就数字化水温数据来看，组合型和跳变型的分布较广泛，稳定型和波动型主要分布在台网密度较大的地区。

表 4.1.1　井水温度正常动态分类统计

类型	年变型	稳定型	波动型	跳变型	漂移型	组合型
井孔个数/个	18	36	47	53	83	60
占百分比/%	6	12	16	18	20	28

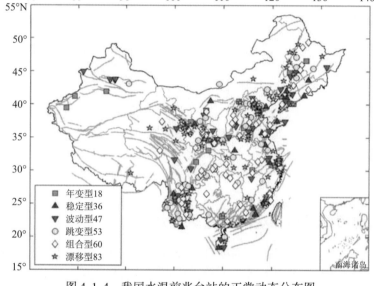

图 4.1.4　我国水温前兆台站的正常动态分布图

4.1.3　水化学观测资料质量和观测曲线分类

根据国家地震前兆台网中心测项表，统计出水化学数据项数 324 项，主要分类为氡（水氡和气氡）、汞（水汞和气汞）、二氧化碳（溶解气二氧化碳和断层气二氧化碳）、流量、逸出气和溶解气（氦气、氧气、氮气、氢气、气体总量）及离子（钙离子、镁离子、氯离子、碳酸根离子、硫酸根离子等）。分布情况见图 4.1.6，测项比例分类见图 4.1.7。

如图 4.1.6 所示，水化学测项主要分布在华北地区和南北带地区，新疆及华东南地区较少。

台网中心数据库目前处在整理规划中，收集整理数据中存在三个问题。①数据入库尚不完全，有些数据只有 2011 年和 2012 年 2 年，以前数据尚未完全入库。实际从数据库下载数据 180 项，其中，氡 102 项、汞 50 项、离子 5 项、二氧化碳 6 项、流量 4 项、逸出气等 13 项。②数据名称尚不能完全统一。例如氡（汞）的数据，大部分是溶解氡（汞）浓度及逸出氡（汞）浓度，还有则就是氡（汞）浓度。③数据存在干扰。即其中一个数据错误或几个大的数据，数据成图无法看出曲线形态，要经过几次大数据删除才能显出数据本来形态。还有就是一段数据出现阶跃或大数据及数据阶跃现象并存。

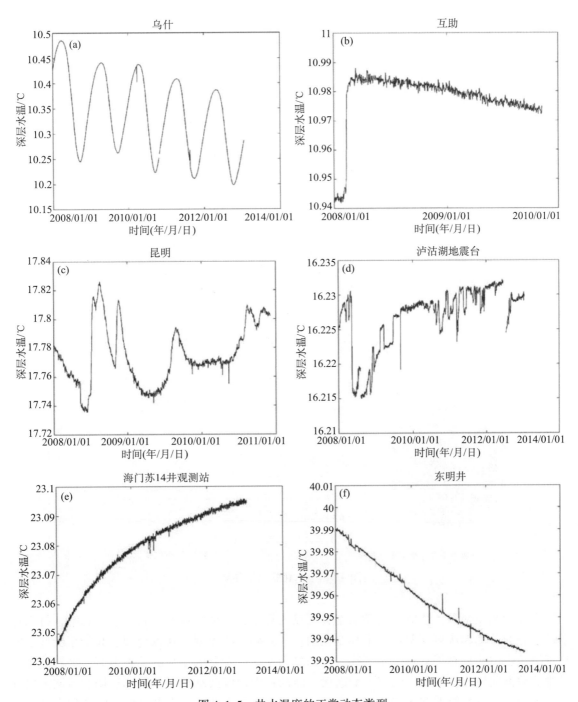

图 4.1.5 井水温度的正常动态类型

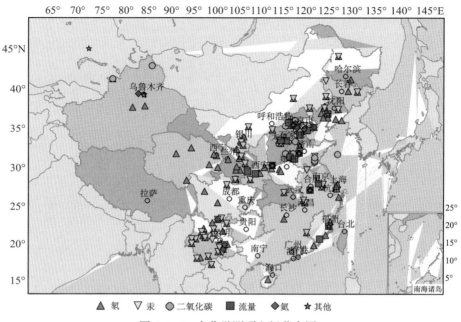

图 4.1.6　水化学测项空间分布图

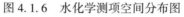

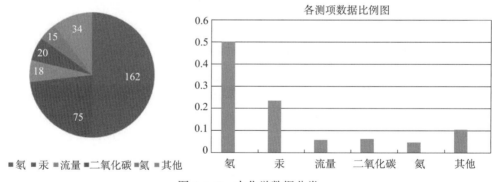

图 4.1.7　水化学数据分类

　　水化学测项繁多，造成水化学动态类型较为复杂，根据收集的资料，绘图总结，将水化学动态分为：①起伏年变型；②平稳变化型；③大幅度波动型；④复合型。起伏年变型主要是观测数据曲线具有年动态变化规律，比如夏高冬低或者夏低冬高的动态类型；平稳变化型是观测数据曲线比较平稳，没有大的起伏与波动；大幅度波动型是指观测数据在短期内出现大幅度上升、下降等无规律变化；复合型是数据变化具有两种或者两种以上的变化类型，如既具有趋势还具有周期的变化类型。

4.2　数据处理与异常识别方法调研

查阅相关文献与异常落实报告，调研前兆异常分析方法，主要包括对趋势类异常、周期类异常、阈值类异常的分析方法等。在此基础上，开展了震例分析研究，对不同类型的异常运用已调研的方法进行了识别，并给出了异常识别的判别指标表。具体震例分析有 2008 年四川汶川 8.0 级、2013 年四川芦山 7.0 级、2013 年甘肃岷县漳县 6.6 级和 2013 年吉林前郭 5.8 级地震。

4.2.1　前兆异常识别方法调研

我国从 1966 年邢台地震后，正式将地下流体观测作为一项重要的前兆观测项，50 多年以来，已经积累了为数不少的前兆异常识别方法，为我国的地震监测与预报，尤其是在短临预测与实现有一定减灾实效的地震预报中起了一定的作用。

本节论述的异常识别方法的调研主要来源于正式出版的专著和文献。专著包括地震地下流体学（车用太等，2006）、地震地下流体理论基础与观测技术（中国地震局监测预报司，2007）、地下流体动态信息提取与强震预测技术（刘耀炜等，2010）等。文献包括有关数字化前兆观测资料处理方法的中文期刊，共收集约 60 篇文献。

异常识别方法的调研结果表明，目前用于地下流体异常识别与提取的方法较多。归纳和比较的结果显示，识别效果较好且速率较快的方法主要有以下 11 种。

（1）原始曲线法，原始数据提取异常信息就是用方差分析或给定的变化阈值，直接从原始观测数据序列中提取异常信息，即称原始曲线法。借助数字化前兆资料的常规软件（如 Mapsis），可从原始分钟值、整点值、日值、旬均值、月均值曲线上直接识别出异常的一种方法。

（2）相关系数法，通过分析观测项与其影响因素相关系数的时间序列，来识别异常的一种方法。例如水位和气压、水位和固体潮、水位和体应变、水位和地下水开采量、水温和水位（流量）、氡（汞）和气压、氡（汞）和气温、二氧化碳和地温等。

（3）差分分析法，是一种压抑长周期，突出短周期变化的线性滤波。差分分析法可以突出那些突跳性或离散度较大的异常，是针对原始观测数据的一阶差分序列，使用平稳序列的均方差作为异常控制线，或使用给定的阈值作为异常控制线来判别日值序列中的异常点，并将异常点进行 0-1 化处理。该方法对短期高频变化的异常提取比较有效，并对信息由一定放大作用，其缺点是随机干扰影响较大，虚报率相对较高。

（4）矩平分析法，利用不同年时间段的均值序列（五日、旬、月）之间的相关程度来求观测点值的正常年动态曲线，用正常年动态曲线来排除干扰。再以原来不同年时间段的均值序列和正常年动态曲线的余差序列提取异常指标，用其剩余标准差的 2 倍或 3 倍作为分辨控制线。该方法对年动态较清晰的观测资料效果较好。

（5）从属函数法，各种地震前兆观测量虽然物理意义不同，但是随时间变化的量，即为时间的函数。各种前兆异常也都表现为各种观测量随时间的突出变化，异常形态虽然多种多样，诸如突跳阶跃、转折、加速等，但究其本质都是观测值曲线随时间的斜率变化。因此，观测曲线随时间的斜率变化将是判断异常的重要指标之一。模糊数学方法中的模糊从属函数值，反映的是观测值随时间的斜率变化和观测值与时间的相关系数的量，可以将它作为从观测数据中提取地震异常的一种方法。

（6）频谱分析法，是将时域信号变换至频域加以分析的方法。频谱分析的目的是把复杂的时间历程波形，经过傅里叶变换分解为若干单一的谐波分量来研究，以获得信号的频率结构以及各谐波和相位信息。频谱分析法的基础是傅里叶变换，可分为功率谱分析和振幅谱分析。频谱分析法在地震前兆异常识别中应用较广泛，趋势和中短期异常均可识别。

（7）小波分解法，小波分解是一种信号的时间—频率分析方法，具有多分辨率分析信号的特点，而且在时域和频域内都具有表征信号局部特征的能力。它可以用长时间间隔来获得更加精确的低频信号信息，用短时间间隔获得高频率信号信息，因此可以利用小波分析将观测信号在不同时频范围内局部细化（薛年喜，2003）。在实际工作中，把观测资料分解为不同频率范围内的时间信号序列，通过对比分析不同频段的信号进而可以识别异常。

（8）平滑滤波法，在所观测的数据中，通常包含两部分内容，一是需要的信息，称之为信号，二是不需要的信息，称之为干扰或噪声。使用数字计算的方法来增强信号，压低干扰，就是滤波分析的目的。平滑滤波主要用于光滑曲线，消除高频波动，保留较长周期的变化部分，是一个低通数字滤波器。平滑滤波经一定窗长滑动平均后，输出序列中保留了大于窗长的周期成分，其中包含了窗长非整数倍的周期成分。平滑滤波既能较好地抑制随机成分的幅度，又能突出趋势变化信息，因此在地震分析中常常用作提取中、短异常的数据处理中。

（9）变差分析法，变差率是表征一条曲线的相对变化幅度，就是定量的确定本年相对于前一年同一月的变化程度，如果出现明显的变化差，则表明本年度变化程度较大，若变化率较小，则表明本年与前一年的年动态相似。变差分析法能够确定打破正常年变动态的异常年份，给出月均值相对上一年同月的变化率，对测值的要求是没有明显趋势变化。

（10）速率分析法，趋势变化特征是地下流体中短期异常的主要特征之一。许多前兆异常信息会淹没在趋势变化的背景里，定量计算速率变化，才能有效提取地震前兆异常。通常以月均值为基本数据序列计算出趋势速率值，然后根据以往震例的统计数据来判定和识别异常。

（11）阈值分析法，也叫滑动均值异常法，用来判别短临异常。通过计算滑动平均值、滑动均方差、自适应阈值来判定短临异常。该方法用 30 个观测值做滑动平均，求出滑动平均值序列作为基线，用下一个观测值与基线相比较，看其变化是否大于 2 倍或 3 倍滑动均方差，若大于，则表明此观测值中包含异常。采用 30 天做滑动平均，滤去了周期小于 30 天的各种短期成分，以此作为基线能较客观地反映测值的变化趋势。

结合观测资料整理分类结果和流体前兆数据处理软件模块的设计要求，依据地下流体异常的幅度、时间和周期等特征，将地下流体异常归为三类，即周期类、阈值类和趋势类异常。以下分别讨论这三类典型异常及识别方法。

（1）周期类异常：包括打破年变、潮汐畸变、气压扰动、变幅增大等。异常可通过矩平分析法、频谱分析法、小波分解法、平滑滤波法、变差分析法、从属函数法、相关系数法等进行识别。

（2）阈值类异常：包括高值异常、低值异常、阶变异常、方波异常、脉冲异常等。异常可通过原始曲线法、阈值分析法、差分分析法、平滑滤波法、相关系数法等进行识别。

（3）趋势类异常：包括趋势上升、趋势下降、趋势转折等。异常可通过原始曲线法、速率分析法、变差分析法、从属函数法、平滑滤波法、相关系数法等进行识别。

4.2.2　典型震例分析研究

以 2008 年四川汶川 8.0 级地震为典型研究实例，通过将各数据分析方法应用在不同类型观测曲线上，给出不同数据分析方法的适用性，并在 2013 年四川芦山 7.0 级地震、甘肃岷县漳县 6.6 级地震和吉林前郭 5.8 级地震中进行实例应用分析，汇总了以上震例相关的异常指标。

4.2.2.1　2008 年汶川 8.0 级地震流体异常分析

依据汶川 8.0 级地震科学研究报告、2008 年汶川 8.0 级地震科学总结与反思报告所列举的流体异常，对报告中提到的流体前兆异常进行了分析，对比了不同方法在各类前兆异常中的适用性。汶川地震前震中附近的流体前兆观测台和异常分布见图 4.2.1。

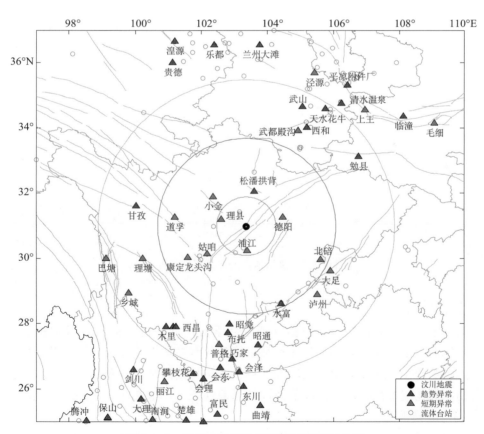

图 4.2.1　汶川 8.0 级地震流体异常空间分布

距离汶川 8.0 级地震 100km 范围内的流体异常有 2 项，为理县水氡和浦江水位，均为短期异常；100～300km 范围内的流体异常台站有 10 项，8 项为短期异常。汶川地震的流体异常在 300km 范围内以短临异常为主，300km 范围外以趋势异常为主。

我们采用了矩平分析、小波分解法、速率分析法、频谱分析法和阈值分析法等几种数据处理方法对不同类型异常进行分析，给出了不同类型异常较适合的数据处理和异常提取方法。

（1）周期类异常。

在实际观测曲线类别中，具有周期特征的观测曲线往往除周期特征外，还兼具趋势下降、周期年变幅增大等特征，故可用多种数据处理方法进行计算。例如，云南高大水位，除具有年变特征外，在汶川地震之前，还有趋势下降变化的特征。使用距平分析去除年周期变化的影响，对剩余曲线再使用速率分析，可以看出，汶川地震前下降速率加快。而对蒲江水位的剩余曲线，则可使用阈值分析，给出地震前的短期变化现象。类似的周期性变化分析还有甘肃平凉水氡，四川道孚水温等测项（图 4.2.2）。

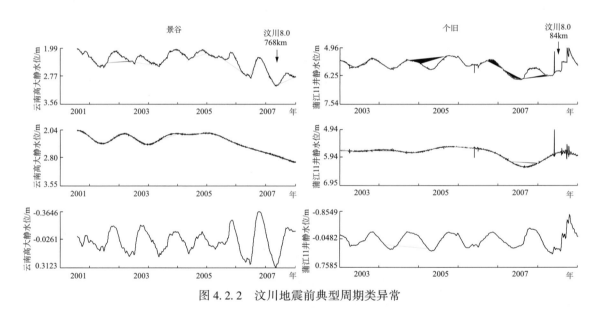

图 4.2.2　汶川地震前典型周期类异常

（2）阈值类异常。

阈值类异常主要是通过对原始数据（或经数学方法处理过的数据）求取标准方差，通过设定异常标准，给出地震前异常变化特征。这类异常在地震前多表现为突升、突降或不稳定的反复阶跃等变化。通过应用模块软件计算，四川甘孜静水位、布拖二氧化碳、会东二氧化碳、普格二氧化碳等都存在不同阈值范围的超差现象（图 4.2.3）。

（3）趋势类异常。

对于趋势类异常，主要通过对不同时间段内的曲线变化速率进行分析，通过设定计算长度和给定异常指标，判断发生数据异常的时间点。通过应用模块软件计算，得出在汶川地震前，甘肃武都水氡、武山 22 井水氡、武山 1 号泉水氡、四川泸州 13 井静水位、青海德令哈

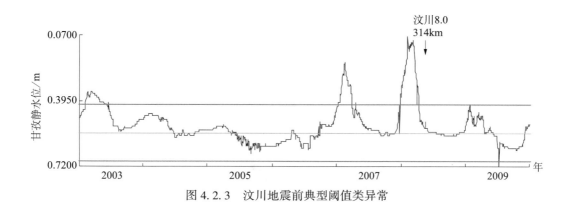

图 4.2.3 汶川地震前典型阈值类异常

水温在地震前存在不同程度的趋势转折类变化异常（图 4.2.4）。

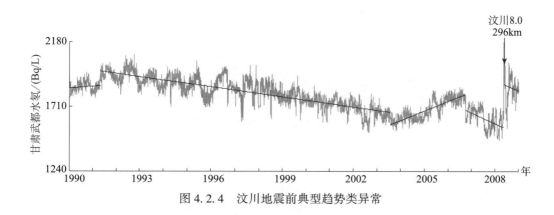

图 4.2.4 汶川地震前典型趋势类异常

4.2.2.2 2013 年芦山 7.0 级地震流体异常分析

依据中国地震台网中心周月会商结果，在 2013 年 4 月 20 日芦山 7.0 级地震震中 300km 范围内，共有流体前兆异常 6 项，分别为泸州水位、理塘毛垭水温、理县水氡、泸定 63 泉水温、邛崃水位、康定二道桥水温。其中，后四项异常分布在震中距 150km 范围内（图 4.2.5）。

依据上述分类，对芦山 7.0 级地震震中附近流体前兆异常进行了分析，分析结果表明，泸州 13 井静水位在地震前出现趋势转折变化，甘孜静水位在震前出现了低值异常变化，普格断层气二氧化碳出现了高值异常变化，蒲江 11 井水位出现了低值异常变化，道孚 53 泉水温地震前变化并不显著，但地震后水温持续高值异常（图 4.2.6）。

4.2.2.3 2013 年岷县漳县 6.6 级地震流体异常分析

依据中国地震台网中心周月会商结果，在 2013 年 7 月 22 日岷县漳县 6.6 级地震震中 300km 范围内，共有流体前兆异常 11 项，分别为武山 1 号泉水氡、武山 22 号井水氡、乐都水温、天水水氡、武都水氡、海原干盐池水位、西吉王民水温、宝鸡上王水氡、勉县水氡、

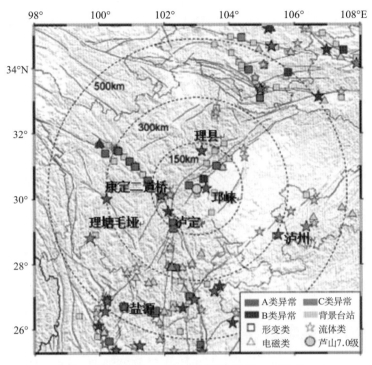

图 4.2.5　芦山 7.0 级地震前兆异常空间分布

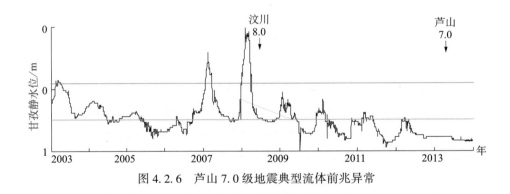

图 4.2.6　芦山 7.0 级地震典型流体前兆异常

平凉北山 1 号泉水氡、平凉北山 2 号泉水氡。其中，武山 1 号泉水氡、武山 22 号井水氡异常分布在震中距 100km 范围内（图 4.2.7）。

（1）周期类异常。

对于周期类异常，通过应用模块软件计算，得出在岷县漳县地震前甘肃平凉北山 1 号泉水氡、平凉北山 2 号泉水氡存在不同程度的年变幅度增大异常（图 4.2.8）。

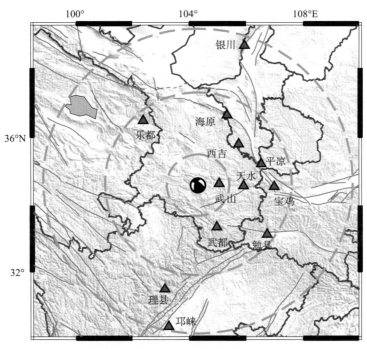

图 4.2.7　岷县漳县 6.6 级地震前兆异常空间分布

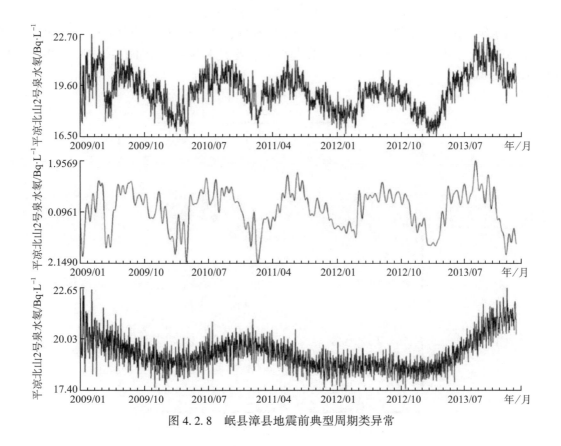

图 4.2.8　岷县漳县地震前典型周期类异常

（2）趋势类异常。

对于趋势类异常，通过应用模块软件计算，得出在岷县漳县地震前甘肃武山 1 号泉水氡、甘肃武山 22 号井水氡、青海乐都水温、甘肃天水水氡、甘肃武都水氡、宁夏海原干盐池水位、宁夏西吉王民水温、陕西宝鸡上王水氡、陕西勉县水氡前存在不同程度的趋势转折类变化异常（图 4.2.9）。

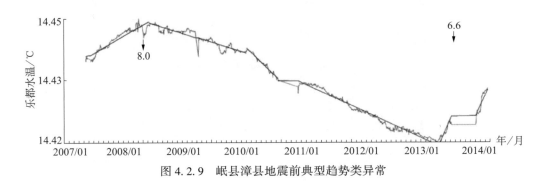

图 4.2.9　岷县漳县地震前典型趋势类异常

4.2.2.4　2013 年前郭 5.8 级震群流体异常分析

依据中国地震台网中心周月会商结果，在 2013 年 11 月 23 日前郭 5.8 级震群震中 500km 范围内，共有流体前兆异常 12 项，分别为乾安水温、丰满水氡、肇东水位、盘锦水氡、宽甸水氡、东大什水位、套浩太水位、土桥水位、舒兰水位、蛟河水位、云峰水位、绥化北林区水温。其中，东大什水位、套浩太水位、乾安水温异常分布在震中距 100km 范围内（图 4.2.10）。

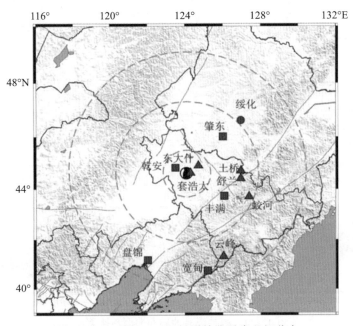

图 4.2.10　前郭 5.8 级震群前兆异常空间分布

（1）周期类异常。对于周期类异常，通过应用模块软件计算，得出在前郭震群前绥化北林区水温存在不同程度的年变幅值异常变化（图 4.2.11）。

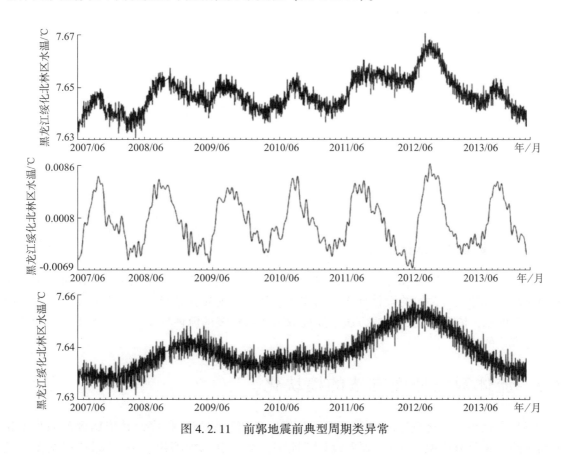

图 4.2.11　前郭地震前典型周期类异常

（2）阈值类异常。对于阈值类异常，通过应用模块软件计算，得出在前郭震群前乾安水温、丰满水氡、肇东水位、盘锦水氡、宽甸水氡存在不同程度的幅值异常变化（图 4.2.12）。

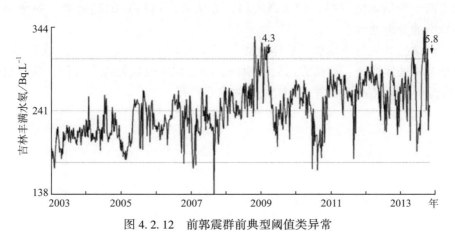

图 4.2.12　前郭震群前典型阈值类异常

（3）趋势类异常。对于趋势类异常，通过应用模块软件计算，得出在前郭震群前东大什水位、套浩太水位、土桥水位、舒兰水位、蛟河水位、云峰水位存在不同程度的趋势转折类变化异常（图4.2.13）。

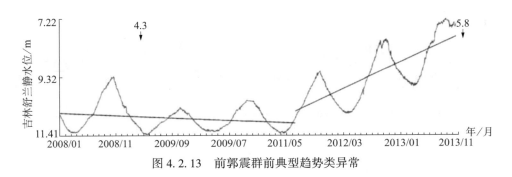

图 4.2.13　前郭震群前典型趋势类异常

4.2.3　流体前兆异常指标表

依据观测资料的整理和分类、前兆异常识别方法调研分析、典型震例分析结果，结合流体前兆数据处理软件模块的设计要求，给出了震例流体前兆异常指标，如表4.2.1所示。由表4.2.1可见，依据我们工作的方法，能提取出数量较多的流体异常，可为地震预警和预报提供可借鉴的依据。

4.3　流体数据处理方法的模块化

编写完成"数字化流体前兆异常识别与报警模块"的核心程序，并依据规范编写了相关程序的《需求分析说明书》《概要设计说明书》和《算法模型说明书》，最终提交至课题软件集成小组。

"数字流体资料分析处理软件"模块主要采用人机结合方式，进行数字化流体资料的处理并完成异常识别与告警。模块主要包括数字化流体资料的数据处理与异常识别两大类，即流体观测资料（原始观测资料、预处理资料、方法处理资料）的趋势类、周期类、阈值类和速率类异常的分析处理。

流体学科数据处理与产品加工总体流程如图4.3.1所示。从1级产品数据库（表），利用包括数据基本处理模块、数据方法处理模块、异常识别模块处理和分析，获得包括1级数据、2级数据和3级数据产品库，供国家台网中心发布。

表4.2.1　地下流体异常识别指标

地震事件	台（点）信息				数据信息			识别方法	异常类型	异常提取指标				异常特征
	井名	测项	经度(°)	纬度(°)	格式	起始时间(年.月.日)	结束时间(年.月.日)			异常指标	震中距(km)	起始时间(年.月.日)	结束时间(年.月.日)	
汶川地震	平凉	水氢	106.7	35.5	日均值	1991.1.1	2014.8.18	频谱分析法	周期类	33Bq/L	580	2006.12.26	2014.8.18	上升
汶川地震	甘孜	水氢	100.0	31.6	分钟值	2003.1.1	2011.12.31	阈值分析法	阈值类	1.5倍均方差	330	2007.1.2	2008.5.9	变幅增大
汶川地震	布拖	二氧	102.8	27.7	日均值	2002.5.10	2010.12.31	阈值分析法	阈值类	1.5倍均方差	370	2006.6.1	2007.7.21	变幅增大
汶川地震	会东	二氧	102.6	26.7	日均值	2002.1.1	2011.12.32	阈值分析法	阈值类	2倍均方差	490	2006.6.2	2007.7.20	变幅增大
汶川地震	普格	二氧	102.5	27.4	日均值	2002.1.1	2010.12.32	阈值分析法	阈值类	1.5倍均方差	420	2006.5.12	2007.8.25	变幅增大
汶川地震	武山22号井	水氢	105.3	34.7	日均值	1990.1.1	2009.12.31	小波分解法	趋势类	2005.11.19	440	2005.11.19	2008.5.13	转折下降
汶川地震	武山1号泉	水氢	105.3	34.7	日均值	1990.1.1	2009.12.31	小波分解法	趋势类	2005.10.31	440	2005.10.31	2008.5.13	转折下降
汶川地震	武都	水氢	105.0	33.4	日均值	1990.1.1	2009.12.31	小波分解法	趋势类	2006.6.12	300	2006.6.12	2008.5.13	转折下降
汶川地震	泸州13井	水位	105.5	28.9	分钟值	2003.7.20	2009.12.31	小波分解法	趋势类	2006.7.26	310	2006.7.26	2009.12.31	转折上升
汶川地震	德令哈	水温	97.4	37.4	分钟值	2007.5.21	2009.12.31	小波分解法	趋势类	2008.1.1	900	2008.1.1	2008.5.13	转折上升
芦山地震	甘孜	水位	100.0	31.6	分钟值	2003.1.1	2014.8.18	矩平、阈值分析法	阈值类	1.5倍均方差	320	2012.4.1	2012.11.1	变幅增大
芦山地震	布拖	二氧	102.8	27.7	日均值	2002.5.10	2014.8.18	阈值分析法	阈值类	1.5倍均方差	288	2012.5.10	2012.9.26	变幅增大
芦山地震	会东	二氧	102.6	26.7	日均值	2002.1.1	2014.8.18	阈值分析法	阈值类	2倍均方差	407	2012.5.20	2012.9.10	变幅增大
芦山地震	普格	二氧	102.5	27.4	日均值	2002.1.1	2014.8.18	阈值分析法	阈值类	1.5倍均方差	329	2012.5.20	2012.12.17	变幅增大
芦山地震	蒲江11井	水位	103.4	30.3	分钟值	2003.1.1	2014.8.18	矩平、阈值分析法	阈值类	1.5倍均方差	41	2013.1.1	2014.8.18	低值波动
芦山地震	道孚53泉	水氢	101.2	31.3	日均值	2001.1.1	2014.8.18	矩平、阈值分析法	阈值类	2倍均方差	205	2012.12.1	2014.8.18	年变幅增大
芦山地震	平凉	水氢	106.7	35.5	日均值	1991.1.1	2014.8.18	频谱分析法	趋势类	2010.12.1	676	2010.12.1	2014.8.18	趋势转折
芦山地震	高大	水位	102.8	24.1	日均值	2001.6.1	2014.8.18	小波分解法	趋势类	2012.1.1	691	2012.1.1	2014.6.1	趋势转折
芦山地震	武山22井	水氢	105.3	34.7	日均值	1990.1.1	2014.8.18	小波分解法	趋势类	2012.3.15	533	2012.3.15	2014.8.18	趋势转折
芦山地震	武都	水氢	105.0	33.4	日均值	1990.1.1	2014.8.18	小波分解法	趋势类	2013.2.1	387	2013.2.1	2014.8.18	趋势转折
芦山地震	泸州13井	水位	105.5	28.9	分钟值	2003.7.20	2014.8.18	小波分解法	趋势类	2011.1.11	288	2011.1.11	2014.8.18	趋势转折
芦山地震	德令哈	水温	97.4	37.4	分钟值	2007.5.21	2014.8.18	小波分解法	趋势类	2011.10.1	944	2011.10.1	2014.10.1	上升速率减缓
岷县漳县	平凉北山1号泉	水氢	106.7	35.6	日均值	2009.1.1	2014.8.18	矩平分析法	周期类	22Bq/L	257	2013.4.1	2014.8.18	上升速率变缓
岷县漳县	平凉北山2号泉	水氢	106.7	35.6	日均值	2009.1.1	2014.8.18	矩平分析法	周期类	10Bq/L	257	2013.3.15	2014.8.18	变幅增大
岷县漳县	武山1号泉	水氢	105.3	34.7	日均值	2000.1.1	2014.8.18	小波分解法	趋势类	2012.5.1	103	2012.5.1	2014.8.18	趋势转折

续表

地震事件	台（点）信息				数据信息			识别方法	异常类型	异常提取指标				异常特征
	井名	测项	经度（°）	纬度（°）	格式	起始时间（年.月.日）	结束时间（年.月.日）			异常指标	震中距（km）	起始时间（年.月.日）	结束时间（年.月.日）	
岷县漳县	武山22号井	水氡	105.3	34.7	日均值	2000.1.1	2014.8.18	小波分解法	趋势类	2012.3.1	103	2012.3.1	2014.8.18	趋势转折
岷县漳县	乐都	水温	102.4	36.6	分钟值	2007.8.1	2014.8.18	小波分解法	趋势类	2013.4.1	280	2013.4.1	2014.8.18	趋势上升
岷县漳县	天水	水氡	105.9	34.6	日均值	2007.1.1	2014.8.18	小波分解法	趋势类	2013.3.1	156	2013.3.1	2014.3.13	趋势转折
岷县漳县	武都	水氡	105.0	33.4	日均值	1987.1.1	2014.8.18	小波分解法	趋势类	2013.2.1	146	2013.2.1	2014.8.18	趋势转折
岷县漳县	海原干盐池	水位	105.3	36.7	分钟值	1999.1.1	2014.8.18	小波分解法	趋势类	2013.1.19	260	2013.1.19	2013.7.20	趋势上升
岷县漳县	宝鸡上王	水氡	107.0	34.6	日均值	1989.1.1	2014.8.18	小波分解法	趋势类	2013.2.1	255	2013.1.19	2014.8.18	趋势下降
岷县漳县	勉县	水氡	106.8	33.2	日均值	1994.1.1	2014.8.18	原始曲线法	趋势类	2009.1.1	282	2009.1.1	2014.8.18	趋势上升
岷县漳县	邛崃	水位	103.3	30.3	分钟值	2007.8.1	2014.8.18	速率分析法	趋势类	2013.5.11	473	2013.5.11	2014.4.9	趋势下降
前郭震群	绥化北林区	水温	126.9	46.6	分钟值	2008.1.1	2014.8.18	矩平分析法	周期类	7.635℃	310	2011.6	2013.6	上升
前郭震群	乾安水温	水温	123.5	44.8	分钟值	2011.10.1	2014.8.18	阈值分析法	阈值类	2倍均方差	60	2013.9.20	2013.11.12	超出2倍方差，下降
前郭震群	丰满	水氡	126.7	43.7	日均值	2003.1.1	2014.8.18	阈值分解法	阈值类	2倍均方差	230	2013.2.1	2013.10.10	超出2倍方差，上升
前郭震群	肇东	水位	126.0	46.0	分钟值	2007.6.1	2014.8.18	原始曲线法	阈值类	2010.7.2	220	2010.7.1	2014.08.17	上升
前郭震群	盘锦	水氡	122.0	41.2	日均值	1973.10.1	2014.8.18	差分分析法	阈值类	正负0.93	420	2011.4.19	2011.08.18	超出阈值，上升
前郭震群	宽甸	水氡	125.2	40.8	日均值	1990.1.1	2014.8.18	原始曲线法	趋势类	2013.5.4	430	2013.5.1	2013.10.31	上升
前郭震群	东大什	水温	124.3	44.6	分钟值	2008.1.1	2014.8.18	小波分解法	趋势类	2011.5.10	15	2011.5.10	2014.08.17	上升
前郭震群	套浩太	水氡	124.7	44.9	分钟值	2008.1.1	2014.8.18	小波分解法	趋势类	2011.5.9	60	2011.5.10	2014.08.17	转折下降
前郭震群	土桥	水位	126.8	44.7	分钟值	2008.1.1	2014.8.18	小波分解法	趋势类	2011.5.8	210	2011.5.10	2014.08.17	转折上升
前郭震群	舒兰	水位	126.8	44.3	分钟值	2008.1.1	2014.8.18	小波分解法	趋势类	2012.3.2	210	2012.3.11	2014.08.17	转折上升
前郭震群	蛟河	水位	127.4	43.7	分钟值	2008.1.1	2014.8.18	小波分解法	趋势类	2012.3.2	280	2012.3.11	2013.12.31	转折上升
前郭震群	云峰	水位	126.5	41.3	分钟值	2008.1.1	2014.8.18	小波分解法	趋势类	2012.3.1	40	2012.3.11	2013.12.31	转折上升

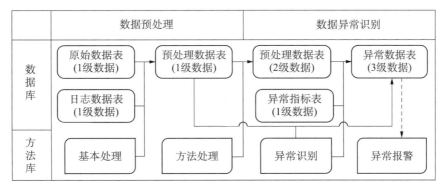

图 4.3.1　流体学科数据处理与产品加工总体流程

基本处理模块（图 4.3.2）：主要功能是基于数据库中现有的 1 级原始数据和日志数据，利用 Mapsis 软件已有的预处理模块建立 1 级预处理数据产品。

方法处理模块：主要功能是基于包括 1 级预处理数据，利用方法处理模块建立 2 级预处理数据产品。

异常识别模块：基于包括 1 级、2 级预处理数据和 1 级异常指标数据，利用异常识别模块建立 3 级异常数据产品，为异常报警提供触发依据。

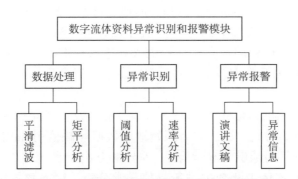

图 4.3.2　数字流体资料异常识别与报警模块

程序 1：趋势类分析

（1）程序名称：平滑滤波分析法。

（2）输入数据源：流体观测资料秒值、分值、时值、日值、月值观测数据。

（3）方法描述：对观测数据进行平滑滤波分析，提取不同时间尺度上的趋势变化和残余值。从原始数据中提取出趋势变化，再用原始数据减去趋势变化项，得到残余值，最后从趋势变化项中识别数据异常。

（4）输出描述：输出数据格式为 List<string>，格式为"时间列残差列趋势列"，包括三列数据，第一列为时间，第二列为年变残差数据（缺值用 nullDate 代替），第三列为多年趋势数据（缺值用 nullDate 代替），各列间用空格间隔。

（5）功能描述：对观测数据进行平滑滤波分析，提取不同时间尺度上的趋势变化和残余值。从原始数据中提取出趋势变化，再用原始数据减去趋势变化项，得到残余值，最后从趋势变化项中识别数据异常。

程序 2：周期类分析

（1）程序名称：矩平分析法。

（2）输入数据源：流体观测资料月均值数据。

（3）方法描述：对多年观测数据进行年变异常分析，从原始数据中提取出多年平均年变项，再用原始数据减去平均年变项，得到消除平均年变后的残余项，最后从残余项中识别数据异常。

（4）输出描述：输出数据格式为 List<string>，输出为月均值数据，格式为"时间列年变列残余列"，包括三列数据，第一列为时间，第二列为多年平均的年动态数据（缺值用 nullDate 代替），第三列为消除年变后的残余项数据（缺值用 nullDate 代替），各列间用空格间隔。

（5）功能描述：对多年观测数据进行年变异常分析，从原始数据中提取出多年平均年变项，再用原始数据减去平均年变项，得到消除平均年变后的残余项，最后从残余项中识别数据异常。

程序 3：阈值类分析

（1）程序名称：方差分析法。

（2）输入数据源：流体资料秒值、分值、时值、日值、月值观测数据。

（3）方法描述：对流体观测数据进行阈值异常分析，输入数据可以是原始观测数据，也可以是经过数学方法处理后的数据，计算输入数据的标准方差，利用输入数据减去 n 倍（n 值由 stdTimes 给出）的标准方差值，并识别出高于 n 倍或低于（-n 倍）标准方差值的数据点作为异常。

（4）输出描述：输出数据格式为 List<string>，格式为"时间列原始值列异常标识列"，包括三列数据，第一列为时间，第二列为原始输入数据（缺值用 nullDate 代替），第三列为原始输入数据是否为异常的标识（异常为 1，非异常为 0），各列间用空格间隔。

（5）功能描述：对流体观测数据进行阈值异常分析，输入数据可以是原始观测数据，也可以是经过数学方法处理后的数据，计算输入数据的标准方差，利用输入数据减去 n 倍（n 值由 stdTimes 给出）的标准方差值，并识别出超出异常指标的数据点作为异常。

（6）调用关系说明：调用数据库中的异常指标库（表）。

程序 4：速率类分析

（1）程序名称：斜率分析法。

（2）输入数据源：流体资料秒值、分值、时值、日值、月值观测数据。

（3）方法描述：对流体观测数据进行趋势转折异常分析，输入数据可以是原始观测数据，也可以是经过数学方法处理后的数据，先计算输入数据的趋势变化斜率 K_1，再计算数据长度大于输入数据长度的历史数据的趋势变化斜率 K_2，如果 $K_2-K_1>abValue$，则标识为异常。

（4）输出描述：输出数据格式为 List<string>，格式为"时间列原始值列异常标识列"，包括三列数据，第一列为时间，第二列为原始输入数据（缺值用 nullDate 代替），第三列为原始输入数据是否为异常的标识（异常为 1，非异常为 0），各列间用空格间隔。

（5）功能描述：对流体观测数据进行趋势转折异常分析，输入数据可以是原始观测数据，也可以是经过数学方法处理后的数据，先计算输入数据的趋势变化斜率，再计算数据长度大于输入数据长度的历史数据的趋势变化斜率，如果二者之差超出异常指标，则标识为异常。

（6）调用关系说明：调用数据库中的异常指标库（表）。

4.4　流体资料预报效能评估规范

前兆观测资料是开展地震分析预报工作的重要基础，也是日常震情跟踪工作的主要抓手，高信度的前兆资料在震情研判中发挥着重要作用，是震级水平和危险程度逼近估计特别是年度地震重点危险区确定的重要依据。开展前兆资料预报效能评估工作，就是从地震预报实际需求出发，科学客观评价各类前兆观测资料的信度和质量，能够为日常震情跟踪特别是学科年度会商提供重要支撑。关于本节流体资料预报效能评估规范，课题组多次组织相关专用研讨流体观测资料效能评估方案及细则，并将其及时应用到 2013 年前兆观测资料效能评估中，加以检验评估方案及细则的可行性。从初步试用行的评估结果来看，达到了预期效果。

4.4.1　观测资料预报效能评估细则

4.4.1.1　基本要求

参与评估的观测项目为目前正在运行并向中国地震局报送资料，或未向中国地震局报送资料但用于省（区、市）局日常会商的全部观测站（点）测项。

（1）填写各省（区、市）观测站（点）基本情况表（按照流体学科测项分别制定）。

（2）对照评估标准对每个观测站（点）的测项进行评估，给出各观测网所属测项的评估结果。

（3）对每个测项进行打分，采取百分制分值评价结果。

（4）观测项按得分情况从高分到低分进行名次，按照分值确定 A～D 四级，给出各类观测网的测项预报效能评估结果表。

（5）汇总完成评估报告，提出存在问题及改进建议。

4.4.1.2　评估标准

流体学科分四类进行打分：基础资料（20）、资料质量（45 分）、影响因素（10 分）和震例评估（25 分）。

（1）基础资料（20 分）。

测点与构造关系（5 分）：布设在构造边界带 5 分；在主要断裂或附近、老震区、温泉区等 3 分；与构造无联系 0 分。

控制观测点（5 分）：监测区主要控制点 5 分；非控制点 3 分。

测点配套性（5分）：有流体配套观测项5分；单一测项3分。

基础资料（5分）：井（泉）条件资料齐全5分；有部分资料3分；无基础资料0分。

（2）资料质量（45分）。

测值合理性（8分）：合理8分；不合理，0分。

稳定性（8分）：自观测以来（5年以上、"十五"项目3年以上）系统稳定8分，短期（3年以上）稳定6分，其他4分。

连续性（8分）：10年以上连续得8分；10～3年连续6分，3年以下连续4分；有断数现象，但不影响整体分析结果可给7分。

信息反映能力（6分）：地震响应（4分），响应显著4分，有响应2分，无响应0分；固体潮（1分）：有1分，无0分，化学观测量1分；气压效应（1分）：有1分，无0分，化学观测量1分。

长期动态特征（5分）：5年以上资料动态特征清晰5分，基本清晰（或3年以上）3分，动态特征不清晰0分。

年动态特征（5分）：可定量分析年动态5～6分，无年动态4～2分。

辅助观测资料（3分）：有气象等辅助资料或可收集到辅助资料3分，无0分。

资料长度（2分）：5年以上2分；5年以下1分（"十五"项目给2分）。

（3）影响因素（10分）（以下为减分，定性分析）。

无影响因素，10分。

气象因素（无法排除，-2分）。

环境因素（可确定，-4分）。

观测设备因素（可确定，-2分）。

其他因素（如有人为干扰，-2分）。

观测环境严重破坏或干扰因素无法确定，-10分。

（4）震例评估（25分）。

具有长趋势异常、年度异常、短临异常的震例（15～25分）。震例要求：5级地震200km范围，6级地震300km范围，7级以上地震500km范围。有3次以上（含3次）震例，25分；有2次震例，20分；有1次震例，15分。

无异常并在无震判定中起作用（15分）。

台站周围200km内无5级地震且无异常（10分）。

有异常无地震或无异常有地震（0分）。

4.4.1.3　评价分级

A类（优秀，80分以上）；B类（良好，70～79分）；C类（一般，60～69分）；D类（差，59分以下）。

4.4.2　观测资料预报效能评估结果分析

利用上文所设定的观测资料预报效能评估细则，对全国30个省（区、市）局所属的1278项资料进行了试评估，各省（区、市）局测项数量统计如图4.4.1所示。

依据1278项参评的流体观测资料的评比结果和观测类型统计，其中水位414项，占

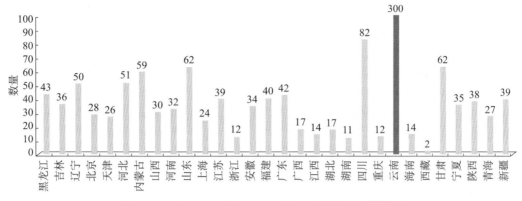

图 4.4.1 全国 30 个省（区、市）局参评测项数统计

32%；水温 384 项，占 30%；水（气）氡 236 项，占 19%；汞及其他 244 项，占 19%。最终评估结果显示，预报效能评估得分最高的 A 类测项共 463 项，占 36%；B 类测项共 393 项，占 31%；C 类测项 249 项，占 19%；得分最低的 D 类测项共 173 项，占 14%。

图 4.4.2 为 1278 项观测资料的评估结果按观测手段分类空间分布。从图中可以看出，414 项水位和 384 项水温资料中预报效能较好的 A 类测项主要分布在华北、东北地区，而预报效能较差的 D 类测项主要分布在云南地区；236 项水（气）氡和 244 项汞及其他资料多分

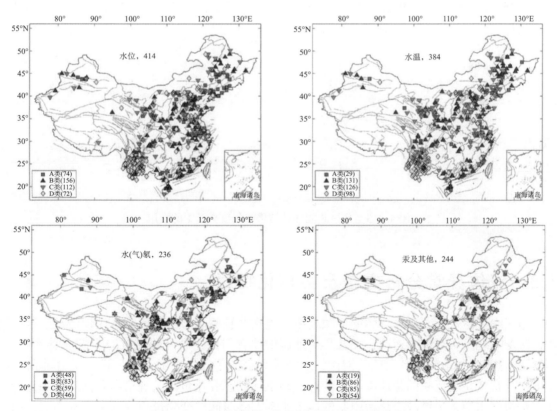

图 4.4.2 评估结果（按观测手段）空间分布图

布在南北地震带和大华北地区，相比水位和水温资料评估结果，这两类资料中预报效能较好的 A 类和 B 类测项所占比重较低，预报效能较差的 C 类和 D 类测项所占比重较高，尤其是汞及其他资料，A 类测项仅有 19 项。

依据流体观测资料预报效能评估平均得分与满分对比情况，在基础资料得分、观测质量得分、影响因素得分和震例评估得分四块中，1278 项观测资料的平均得分，观测质量得分占满分的比例最高，为 80%，基础资料次之，占 75%，影响因素得分占满分的比例为 60%，震例评估得分最低，约占满分的 44%。

依据流体观测资料各部分得分的数量统计，可知观测质量分的分布比较符合正态分布，主要分布在 30~40 分之间，影响因素得分主要为 6 分和 8 分，基础资料得满分的测项数最多，震例评估得分多为 10 分和 15 分。

图 4.4.3 为流体观测资料预报效能评估结果在年度会商中的应用实例，在参考 2013 年观测资料预报效能评估结果的情况下，对全国地下流体异常信度进行了判定。图 4.4.3（a）为 2014 年度流体异常空间分布图，图 4.4.3（b）为相比 2013 年度的流体异常变动情况空间分布图。从图中可以看出，在参考了流体资料预报效能评估结果的情况下，异常信度、异常空间分布均发生了明显的变动，且变动较大的区域为东北地区和云南地区，异常信度变动较明显的为信度较低的 C 类异常。

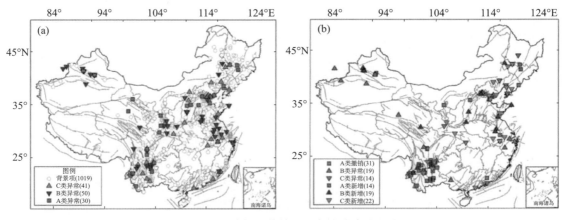

图 4.4.3　预报效能评估结果在年度会商中的应用

4.5　流体异常分析方法及实用化探讨

地下水广泛赋存于地壳岩体的空隙之中，能在各种驱动力的作用下自由地流动。这一特性，决定了地下水对地壳运动，尤其是对地震的孕育与发生会有较灵敏的响应（孙丽娟等，2004），这也是地下流体各测项长期作为地震前兆观测手段之一的主要原因。但并非所有的地下水异常变化均反映的是地震前兆信息，地下水动态变化包括宏观动态和微观动态，宏观动态是由含水层水量增减变化而引起的地下水动态随时间的变化过程，而微观动态是指由于含水岩体应力应变状态改变而引起的地下水动态随时间的变化过程（贾化周等，1983）。因此，地下水动态的异常变化既可能是区域构造活动的作用结果，也可能是水文因素的干扰所致，如何有效地识别水位异常的形成原因，是当前利用地震地下流体资料进行地震预测预报的关键科学问题之一。

从地震预报角度来讲，当前我国地震监测预报实践面临的突出问题之一是如何更加有效地排除干扰异常并提取出有效的前兆异常信息（车用太等，2011）。以当前的研究水平尚无法直接准确地识别出地震前兆异常信息，只能用"排除法"，即在尽可能全面并有效地排除各类干扰因素的前提下，来确定某项异常与地震前兆之间的相关性。因此，当出现地下水动态异常变化时，异常干扰分析工作显得尤为重要，它是准确识别地震前兆异常信息的必要前提。

4.5.1 水物理异常核实方法

水位观测是地下流体观测中一项重要的观测手段，地下水位观测值是在多种因素影响下产生的综合物理量，在没有构造应力引起水位变化的条件下，水位的变化常与地下水补给、泄流状态密切相关，如降雨和地下水开采等（车用太等，1993；晏锐，2008；杨明波等，2009）。如何排除这些干扰因素的影响，是确认一项前兆异常之前必须要做的首要工作。经过多年的实践，学者们提出并尝试了不同的分析方法，如在分析降雨对水位的影响时，提出了响应函数法（Besbes 等，1984；Park 等，2008）、卷积滤波法（王尤培等，1996）以及组合水箱模型（王旭升等，2010）等；在分析地下水开采对水位的影响时，常采用经典的 Dupuit 模型、Thiem 模型和 Theis 模型等（陈崇希，1966；薛禹群等，1997，2007）。这些方法模型在实际应用中均取得了一定的实用效果。

4.5.2 水化学异常核实方法

地下水观测在我国地震监测中发挥了重要作用，那么，对于出现的地下水异常进行及时核实，则对于判定震情更显得至关重要。地下水研究中，利用地下水化学成分、同位素和测年方法，可以对地下水的补给和排泄给出定性和定量分析的依据，应用化学量方法可以分析地下水异常的构造与非构造影响因素。

在利用化学量方法进行解释地下水异常中，通常要选择测试技术方便快捷的方法，以便及时了解异常所揭示的构造活动或环境干扰，正确判断震情。满足上述条件主要是测试水中主要离子和氢氧同位素。利用主要离子，如 Piper 图、Na-K-Mg 图、Gibbs 图等，可以判定水的来源及水岩作用，利用氢氧同位素可更直观地查明异常的补给来源与地下水的迁移转化。

参 考 文 献

白宝荣，付虹. 排除降雨干扰后的地下水位异常与强震预报，地震研究，2006，29（1），39～42

车用太，刘成龙，鱼金子. 井水温度微动态及其形成机制. 地震，2008，28（4）4：20～28

车用太，刘成龙，鱼金子. 井水温度微动态及其形成机制. 地震，2008，28（4）：20～28

车用太，鱼金子，等. 地震地下流体学. 气象出版社，2006

车用太，鱼金子，张大维. 降雨对深井水位动态的影响. 地震，1993（4）：8～15

车用太，鱼金子．地下流体典型异常的调查与研究．北京：气象出版社，2004

陈崇希．地下水动力学．北京地质学院，1966

陈崇希．影响半径稳定井流模型与可持续开采量：地下水动力学一个基本理论问题的分歧．水利学报，2010，41（8）：1003～1008

郭晓丽，李庆朝．聊城市地热资源的形成及开发利用．中国煤炭地质，2008，20（7）：35～38

郭勇军，李霞，李军等．濮城油田高含水油藏开发后期稳产增产措施，油气田地面工程，2011，30（4）：82～84

郭增建，秦保燕，冯学才．从震源孕育模式讨论大震前地下水的变化．地球物理学报，1974，17（2），99～105

郭增建．地震发生前的地下水位变化．地球物理学报，1964，13（3）：223～226

黄辅琼，白长清，张晶等．八宝山断层的变形行为与降雨及地下水的关系．地震学报，2005，27（6）：637～646

贾化周，王信，董守玉，等．地下水位主要干扰因素的识别与地震信息的提取．地震地质，1983，5（4）：13～22

贾化周，张炜，董守玉，等．地震地下水手册．北京：地震出版社，1995，135～229

敬少群，王佳卫．大震前地下水位异常与应力异常区．地震，2008，21（2）：79～86

李庆朝，李贵民．聊城大学地热井成热条件及其开发利用．聊城大学学报，2005，18（2）：46～53

李学礼，孙占学，刘金辉．水文地球化学．北京：原子能出版社，2010

刘耀炜，陆明勇，付虹，等．地下流体动态信息提取与强震预测技术研究．北京：地震出版社，2010

卢政峰，张美芝，马晓东．聊城西部地热田地热流体特征及开发利用．山东国土资源，2008，24（6）：49～52

陆明勇，牛安福，陈兵，等．地下水位短临异常演化特征及其与地震关系的研究．中国地震，2005，21（2）：269～279

马振民，何江涛，魏加华．鄄城地下热水的化学特征及形成机理．勘察科学技术，1999（4）：18～21

苏鹤军，张慧，史杰．祁连山断裂带中东段地下水地球化学特征分析．西北地震学报，2010，32（2）：122～128

孙丽娟，冀林旺，金镇洪，等．山龙峪井水位异常与地震关系初探．东北地震研究，2004，20（1）：42～47

唐九安．计算固体潮潮汐参数的非数字滤波调和分析方法．地壳形变与地震，1999（1）：52～58

涂俊．南京市降水化学成分特征及变化趋势．上海环境科学，1999，18（10）：451～453

王福花，侯欣英，孙鹏，等．山东菏泽地区地热田地质特征．山东国土资源，2008，24（4）：40～43

王华，王伟，李月强，等．地热开采对聊古1井地下流体动态的影响及其对策．地震地质，2009，31（3）：515～525

王奎峰．山东省聊城市东部地热田地热资源特征．中国地质，2009，36（1）：194～202

王领法，张尚坤，谢寅骧，等．菏泽凸起地下热水资源成矿地质条件研究．菏泽师专学报，24（2）：25～35

王旭升，王广才，董建楠．断裂带地下水位的降雨动态模型及异常识别．地震学报，2010，32（5）：570～578

王尤培，张昭栋，王晓闽．鲁04井水位降雨影响的定量排除．地震学刊，1996（2）：29～32

薛年喜．MATLAB在数字信号处理中的应用．北京：清华大学出版社，2006

薛禹群，谢春红．地下水数值模拟．北京：科学出版社，2007，79～111

薛禹群，朱学愚，吴吉春，等．地下水动力学．北京：地质出版社：1997，107～162

晏锐. 影响井水位变化的几种因素研究. 中国地震局地震预测研究所, 2008, 23~46

杨龙誉, 于兴娜. 常州市酸雨化学特征及其与大气污染物的关系. 城市环境与城市生态, 2010, 23 (5): 30~33

杨明波, 康跃虎, 张庆, 等. 北京地下水位趋势下降动态及地震前兆信息识别. 地震学报, 2009, 31 (3): 282~289

张人权, 梁杏, 勒孟贵, 等. 水文地质学基础. 6 版. 北京: 地质出版社, 2011

张素欣, 刘耀炜, 陆明勇, 等. 地下水超采区水位长趋势动态分析. 地震, 2007, 27 (4): 51~58

张昭栋, 郑金涵, 耿杰, 等. 地下水潮汐现象的物理机制和统一数学方程. 地震地质, 2002, 24 (2): 208~214

赵刚, 王军, 何案华, 等. 地热正常动态特征的研究. 地震, 2009, 29 (3): 109~116

郑香媛, 刘澜波. 深井水位固体潮的调和分析结果. 地球物理学报, 1990, 33 (5): 556~565

郑治真, 吴大铭. 非平稳过程的最优线性滤波在唐山地震前地下水位观测资料中的应用. 地球物理学报, 1984, 27 (5): 424~438

中国地震局监测预报司. 地震地下流体理论基础与观测技术. 北京: 地震出版社, 2007

Besbes M, De Marsily G. From infiltration to recharge: use of a parametric transfer function. Journal of Hydrology, 1984, 74 (3-4): 271-293

Bredehoeft J. D. Response of well-aquifer systems to earth tides. Journal of Geophysical Research, 1967, 72 (12): 3075-3087

Brodsky E. E, Kanamori H. Elasto-hydrodynamic lubrication of faults. Journal of Geophysical Research, 2001, 106: 16357-16374

Clark, W. E. Computing the barometric efficiency of a well. Journal of the Hydraulics Division, American Society of Civil Engineers, 1967, 93 (4), 93-98

Dyer B, Juppe A, Jones R H. Microseismic results from the European HDR Geothermal Hsieh P A, Bredehoeft J. D, Farr J. M. 1987. Determination of aquifer transmissivity from earth tide analysis. Water Resources Research, 1994, 23 (10): 1824-1832

Giggenbach W F. Geothermal solute equilibra. Derivation of Na—K—Mg—Ca geoindicators. Geochimica et Cosmochimica Acta, 1988, 52 (12): 2749-2765

Jacob, C. E. On the flow of water in an elastic artestian aquifer. American Geophysical Union Transactions, 1940, 574-586

Jiang X. W, Wang X. S, Wan L. Semi-empirical equations for the systematic decrease in permeability with depth in porous and fractured media. Hydrogeology Journal, 2010, 18 (4): 839-850

Leaney F W, Herczeg A L. Regional recharge to a karst aquifer estimated from chemical and isotopic composition of diffuse and localised recharge, South Australia. Journal of Hydrology, 1995, 164: 363-387

Marine, I. W. Water level fluctuations due to earth tides in a well pumping from slightly fractured rock. Water Resources Research, 1975, 11 (1), 165-173

Munk, W. H. , Macdonald, G. J. F. The rotation of the earth, London, Cambridge University Press, 1960

Park E, Parker J. C. , A simple model for water table fluctuation in response to precipitation. Journal of Hydrology, 2008, 356 (3-4): 344-349

Parkfield, California. Journal of Geophysical Research, 98 (B5): 8143-8152

Parotidis M. , Shapiro S A. Rothert E. Evidence for triggering of the Vogtland swarms 2000 by pore pressure diffusion. Journal of Geophysical Research, 2005, 110: B05S10

Project at Soultz-sous-Forets, Alsace, France, IR03/24, CSM Associated Ltd

Roeloffs E. A, Burford S. S, Riley F. S, et al. Hydrologic effects on water level changes associated with Episodic Fault creep near Parkfield. Journal of Geophysical Research, 1989, 94 (B9): 12387-12402

Rudnicki J. W, Yin J. Roeloffs E A. Analysis of water level changes induced by fault creep at Shapiro S A, Huenges E, Borm G. Estimating the crust permeability from fluid-injection-induced seismic emission at the KTB site. Geophysical Journal International, 1997, 131 (2): F15-F18

Shapiro S A, Audigane P, Royer J. Large-scale in situ per-meability tensor of rocks from induced microseismicity. Geophys J Int, 1999, 137: 207-213

Song Xianfang, Liu Xiangchao, Xia Jun, et al. A study of interaction between surface water and groundwater using environmental isotope in Huaisha River basin. Science In China Series D-Earth Sciences, 2006, 49 (12): 1299-1310

第五章　地震短临综合判定技术研究和应用示范

　　短临预报是地震预测预报领域的重点和难点。我国地震短临预报技术主要是在不多的震例总结的基础上发展起来的经验性方法。尽管实现了对某些地震的较成功预报，但经验性预测是基于前兆的相似性和重现性，采用归纳、类比、推理的方法得到的，而实际的地震前兆表现十分复杂。因此，从短临预报发展战略来看，仅仅依靠有限震例的经验总结，缺乏地震孕育理论的指导，缺乏对区域地震构造和动力学过程深刻认识的经验性预报方法，要想进一步提高预报的成功率是非常困难的，需要引进新的观测技术和探索地震预报的新思路。近年来，随着科技的不断发展，一些国家逐步开展空间对地观测技术应用于地震预报的研究，如GPS、热红外、电离层、InSAR、卫星重力、电磁波观测等，拓展了地震前兆观测技术与测项，初步显示了新技术在地震预报研究中可能的应用前景。随着21世纪我国地震观测技术从模拟向数字化的转型，新的观测数据采样率高，具有海量、富含信息与噪音的特点，包含更多种类的信息，特征更为复杂，仅靠人工辩识和传统的提取方式已远不能满足震情监视跟踪的要求，需要引进应用相关领域的数据处理和信息提取技术，并建立自动数据处理和信息提取系统，采用人机结合方式，解决前兆观测仪器数字化后形成的海量数据处理与分析应用的瓶颈问题。因此，我国地震短临预报的发展，对于数字化观测数据处理和信息提取的技术进步具有强烈的需求，本章的目标之一正是为促进这一问题的解决。

　　基于上述需求，国家"十二五"科技支撑计划项目"地震分析预测若干实用技术研究"中设置了"基于数字化观测技术的强震短临预测关键技术研究（2012BAK19B02）"，目的是通过基于数字化观测技术的地震短临预测预报技术研究，实现地震预报技术由模拟观测分析研究为主向数字化观测分析研究为主的过渡，研发具有自主知识产权的实用化氢、汞监测技术系统，完成气辉地震预测预报试验仪器研制，并进行观测应用，为建立数字地震预测技术和方法奠定基础，提高地震预测预报水平。

5.1　2002 年以来首都圈地区震例

　　2002年以来首都圈地区仅发生4次4.5级以上地震，分别为2004年1月20日滦县4.6级地震、2006年7月4日文安5.1级地震、2010年4月4日大同4.5级地震和2012年5月28日唐山4.8级地震，最大震级为5.1级，震例较少，但该区观测相对密集。为了完成本章"开展首都圈地区群体异常地震告警技术研究，给出地震预警信息发布的流程，并进行应用示范"的目标，系统梳理了首都圈地区现有数字观测资料，共140台站474测项，其中只有57个台项的资料具有连续性好、资料正常动态清晰的特点，能够用于异常信息提取和震例研究。异常提取信息技术主要采用小波分析和经验模态分解（Empirical Mode Decomposition, EMD，是美国国家宇航局美籍华人黄锷（N. E. Huang）等人于 1998 年创造性地提出的一种新型自适应信号时频处理方法，特别适用于非线性非平稳信号的分析处理）。

5.1.1　异常信息提取

对研究区域各种量纲的数字化前兆观测资料，首先进行小波分解或经验模态（EMD）分解，主要目的是将原观测资料中所可能包含的趋势上升或下降等变化，通过分解得到其平稳波动变化的多阶时频数据，在此基础上挑选映震较好的时频数据，按下式提取地震前兆信息量。

$$S_i = \begin{cases} 0 & \Delta y_i = 0, \ n_i = 0 \ \text{或} \ \Delta y_i = 0, \ n_i > 0, \ k > m \\ 1 - \mathrm{e}^{\frac{-\Delta y_i}{h\sigma}n_i} & \Delta y_i > 0, \ n_i > 0 \\ 1 - \mathrm{e}^{\frac{-\Delta y}{h\sigma}n\left(1-\frac{k}{m}\right)} & \Delta y_i = 0, \ n_i = 0, \ i = n + k, \ k \leqslant m \end{cases} \tag{5-1}$$

$$\Delta y_i = \begin{cases} y_i - (\bar{y} + h\sigma) & y_i > \bar{y} + h\sigma \\ \bar{y} - h\sigma - y_i & y_i < \bar{y} - h\sigma \\ 0 & \bar{y} - h\sigma \leqslant y_i \leqslant \bar{y} + h\sigma \end{cases} \tag{5-2}$$

$$m = (35 + 0.318n'd) \div \mathrm{d} \tag{5-3}$$

式（5-1）中的 S_i 为时频数据转换成的无量纲地震前兆信息量值，取值范围为 0～1；σ 为时频数据正常时段的均方差；h 为均方差的倍数，一般取值为 2～3，当时频数据波动较大时，可适当多取；Δy_i 为时频数据超出 h 倍均方差的值，为表示异常变化量的参数，可由式（5-2）计算，式（5-2）中的 y_i 为某时刻的时频数据值，$\bar{y}$ 为时频数据正常时段的均值；另外式（5-1）中 n_i 是时频数值超过 h 倍均方差的数据点数，即为表示异常持续时间的参数；n' 为时频数据持续异常变化的累记的异常变化数据点数；m 为异常结束后地震前兆信息仍延续存在的有效总时间，k 为在 m 时段内从异常结束后开始累计的数据点数，取值为 1，2，……，m。式（5-3）中 d 为时频数据类型，当所用的数据为日均值时，$d=1$；数据为五日均值时，$d=5$；数据为旬均值时，$d=10$；数据为月均值时，$d=30$。依此类推。

对首都圈地区 2002 年以来的 4 次 $M4.5$ 以上地震进行了详细研究。限于篇幅，仅以 2010 年 4 月 4 日大同 4.5 级地震为例。

图 5.1.1 是 2010 年 1 月 8 日至 2010 年 4 月 10 日首都圈地区数字前兆骨干观测资料台站分布图。从图可知，2010 年 1 月 8 日至 2010 年 4 月 10 日首都圈地区共有数字前兆骨干观测资料 55 项（选取的 57 项资料中有两项这段时间没有数据），其中电磁 13 项、流体 19 项、形变 23 项；距震中 0～100km、101～200km、201～300km、301～400km、401～500km 范围内，分别有数字前兆骨干观测资料 3 项、18 项、21 项、7 项和 6 项，分别占观测资料

总数的 5.5%、32.7%、38.2%、12.7% 和 10.9%。可见数字前兆骨干观测资料主要分布在距大同震中 101～300km 内。

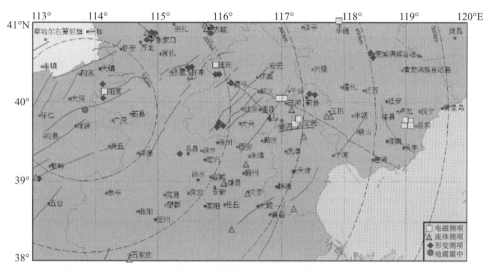

图 5.1.1　2010 年大同 4.5 级地震前数字前兆骨干观测资料台站分布

图 5.1.2 是 2010 年 1 月 8 日至 2010 年 4 月 10 日首都圈地区数字前兆骨干观测资料异常台站分布图。从图可知，2010 年 1 月 8 日至 2010 年 4 月 10 日首都圈地区先后共出现数字前兆骨干观测资料异常 24 项，其中电磁 4 项、流体 9 项、形变 11 项；距震中 0～100km、101～200km、201～300km、301～400km、401～500km 范围内，分别出现数字前兆骨干观测资料异常 3 项、11 项、8 项、1 项和 1 项，分别占观测资料总数的 5.5%、20%、14.5%、1.8% 和 1.8%，同时分别占各自区域观测资料总数的 100%、61.1%、38.1%、

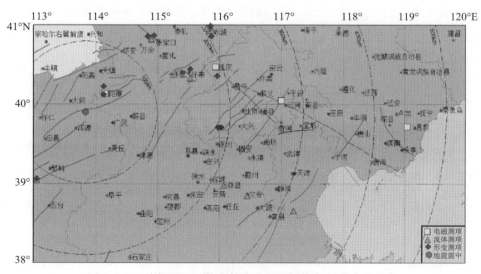

图 5.1.2　首都圈地区数字前兆骨干观测资料异常台站分布

14.3%和16.7%。由此可知，尽管数字前兆骨干观测资料异常主要分布在距大同震中101～300km内，但从以100km为间隔距离所划分的各自区域观测资料异常台项比看，则是距离震中越近则台项比越高，越远则越低。

将2010年1月8日至2010年4月10日首都圈地区先后出现的24项数字前兆骨干观测资料异常的具体情况列于表5.1.1。为便于对比分析，采用统一的横坐标时间长度（2001年4月1日至2013年12月31日），绘制的每一异常资料的原始数据曲线、小波或EMD分解最优时频数据曲线及其单项前兆信息量数据曲线见图5.1.3～图5.1.26。这些图形曲线的特点是，从原始数据曲线形态上一般很难能直接看出异常变化，经过小波或EMD分解使异常显现，再经过前兆信息量的提取与计算，使其异常信息清晰直观突出。有的骨干观测资料的地震异常具有可重复性，如图5.1.21的徐庄子浅层水温地震异常；有的同一点不同观测项目提取的地震异常，无论是异常出现的时间和幅度还是呈现的形态都具有很高相似性，如图5.1.23赤城浅层水温和图5.1.24赤城同层水温的地震异常，反映了这些异常较为可靠和可信。

表 5.1.1　2010 年大同 4.5 级地震前兆异常情况汇总

序号	观测项目名称	台站位置 E°；N°	异常信息量提取方式	震前异常起始时间	震前最大信息量
	分析方法	震中距/km		结束时间	出现时间
1	赤城垂直摆 EW 向	115.84；40.93	取 EMD 分解第 3 阶时频数据，以其均值加 4.5 倍均方差作为异常判别标准，提取信息量	20100227	0.972
	日均值	205		20100404	20100304
2	赤城垂直摆 NS 向	115.84；40.93	取小波分解第 5 阶（db4 基）时频数据，以其均值加 4 倍均方差作为异常判别标准，提取信息量	20100301	0.969
	日均值	205		20100404	20100306
3	怀来垂直摆 NS 向	115.53；40.44	取 EMD 分解第 4 阶时频数据，以其均值加 3.5 倍均方差作为异常判别标准，提取信息量	20100123	0.995
	日均值	156		20100404	20100130
4	阳原水平摆 EW 向	114.15；40.13	取小波分解第 9 阶（sym3 基）时频数据，以其均值加 3 倍均方差作为异常判别标准，提取信息量	20100130	1.000
	日均值	37		20100404	20100313
5	阳原水平摆 NS 向	114.15；40.13	取 EMD 分解第 7 阶时频数据，以其均值加 2.2 倍均方差作为异常判别标准，提取信息量	20100311	1.000
	日均值	37		20100404	20100404
6	张家口水平摆 EW 向	114.90；40.82	取小波分解第 4 阶（db4 基）时频数据，以其均值加 3 倍均方差作为异常判别标准，提取信息量	20100302	0.998
	日均值	137		20100404	20100305
7	张家口体应变	114.90；40.82	取 EMD 分解第 3 阶时频数据，以其均值加 4 倍均方差作为异常判别标准，提取信息量	20100214	0.935
	日均值	137		20100404	20100308

续表

序号	观测项目名称	台站位置 E°；N°	异常信息量提取方式	震前异常起始时间	震前最大信息量
	分析方法	震中距/km		结束时间	出现时间
8	代县伸缩仪 EW 向	113.05；39.05	取小波分解第 1 阶（db4 基）时频数据，以其均值加 9.9 倍均方差作为异常判别标准，提取信息量	20100330	0.450
	日均值	117		20100404	20100330
9	延庆水管倾斜 NS 向	115.98；40.35	取小波分解第 6 阶（db4 基）时频数据，以其均值加 3.5 倍均方差作为异常判别标准，提取信息量	20100305	0.994
	日均值	190		20100404	20100324
10	香山水管倾斜 NS 向	116.00；39.70	取 EMD 分解第 2 阶时频数据，以其均值加 3.5 倍均方差作为异常判别标准，提取信息量	20100305	0.994
	日均值	187		20100404	20100324
11	香山水管倾斜 EW 向	116.00；39.70	取小波分解第 6 阶（db4 基）时频数据，以其均值加 3 倍均方差作为异常判别标准，提取信息量	20100118	0.998
	日均值	187		20100404	20100131
12	昌黎第一电场 EW 向	119.04；39.72	取 EMD 分解第 6 阶时频数据，以其均值加 2 倍均方差作为异常判别标准，提取信息量	20091216	0.987
	日均值	445		20100327	20100107
13	阳原地电阻率 NE 向	114.15；40.13	取小波分解第 7 阶（db4 基）时频数据，以其均值加 2.2 倍均方差作为异常判别标准，提取信息量	20091228	1.000
	日均值	37		20100404	20100125
14	延庆电位差 NS 向	115.94；40.47	取 EMD 分解第 7 阶时频数据，以其均值加 2.5 倍均方差作为异常判别标准，提取信息量	20091229	1.000
	日均值	190		20100404	20100214
15	平谷地磁 Z 分量	117.00；40.05	取 EMD 分解第 3 阶时频数据，以其均值加 3.5 倍均方差作为异常判别标准，提取信息量	20100214	0.849
	日均值	270		20100404	20100217
16	怀来后郝窑气氡	115.53；40.33	取 EMD 分解第 6 阶时频数据，以其均值加 2.5 倍均方差作为异常判别标准，提取信息量	20091231	0.926
	日均值	152		20100330	20100121
17	文安气氡	116.45；38.85	取 EMD 分解第 6 阶时频数据，以其均值加 3 倍均方差作为异常判别标准，提取信息量	20091206	0.990
	日均值	255		20100218	20091218
18	雄县静水位	116.07；38.98	取小波分解第 8 阶（db4 基）时频数据，以其均值加 3 倍均方差作为异常判别标准，提取信息量	20100117	1.000
	日均值	219		20100404	20100228
19	徐庄子浅层水温	117.19；38.66	取小波分解第 5 阶（db4 基）时频数据，以其均值加 3 倍均方差作为异常判别标准，提取信息量	20091111	1.000
	日均值	321		20100118	20091119

续表

序号	观测项目名称	台站位置 E°；N°	异常信息量提取方式	震前异常 起始时间	震前最大 信息量
	分析方法	震中距/km		结束时间	出现时间
20	赤城静水位	115.84；40.93	取小波分解第 4 阶（coif2 基）时频数据，以其均值加 4 倍均方差作为异常判别标准，提取信息量	20100206	0.896
	日均值	204		20100402	20100209
21	赤城浅层水温	115.84；40.93	取小波分解第 3 阶（db4 基）时频数据，以其均值加 5.5 倍均方差作为异常判别标准，提取信息量	20100307	0.545
	日均值	204		20100404	20100308
22	赤城同层水温	115.84；40.93	取 EMD 分解第 4 阶时频数据，以其均值加 4 倍均方差作为异常判别标准，提取信息量	20100309	0.543
	日均值	204		20100404	20100313
23	张家口同层水温	114.90；40.82	取小波分解第 6 阶（db4 基）时频数据，以其均值加 4 倍均方差作为异常判别标准，提取信息量	20100101	1.000
	日均值	135		20100326	20100115
24	代县水位	113.05；39.05	取小波分解第 1 阶（db4 基）时频数据，以其均值加 3.5 倍均方差作为异常判别标准，提取信息量	20091227	0.847
	日均值	117		20100404	20100125

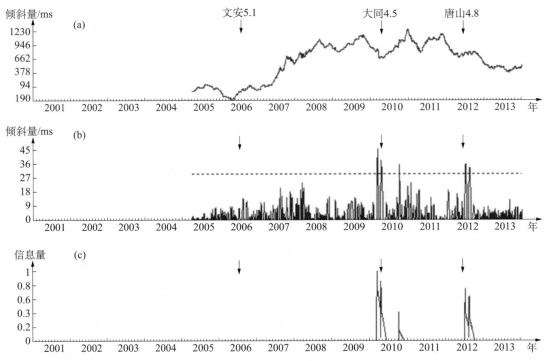

图 5.1.3　赤城垂直摆 EW 向地震前兆信息量的计算（2005 年 4 月 1 日至 2013 年 12 月 31 日）

（a）原始日均值数据曲线；（b）EMD 分解最优时频序列第 3 阶数据曲线；（c）前兆信息量数据曲线

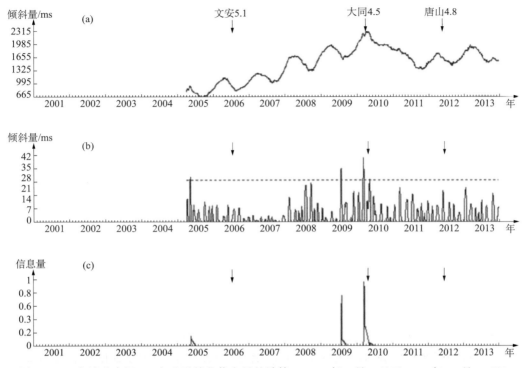

图 5.1.4　赤城垂直摆 NS 向地震前兆信息量的计算（2005 年 4 月 1 日至 2013 年 12 月 31 日）

（a）原始日均值数据曲线；（b）小波分解最优时频序列第 5 阶数据曲线；（c）前兆信息量数据曲线

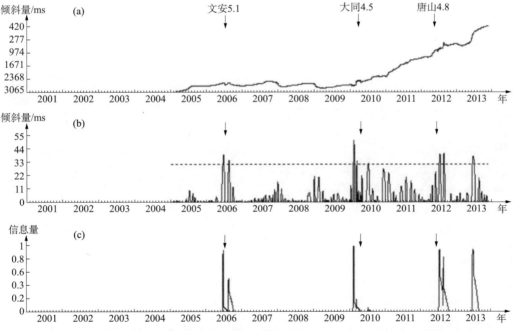

图 5.1.5　怀来垂直摆 NS 向地震前兆信息量的计算（2005 年 1 月 1 日至 2013 年 11 月 17 日）

（a）原始日均值数据曲线；（b）EMD 分解最优时频序列第 4 阶数据曲线；（c）前兆信息量数据曲线

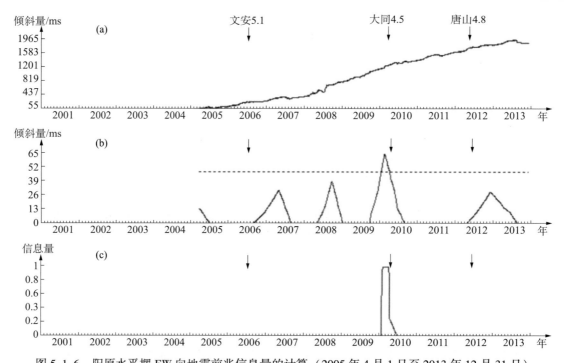

图 5.1.6　阳原水平摆 EW 向地震前兆信息量的计算（2005 年 4 月 1 日至 2013 年 12 月 31 日）

（a）原始日均值数据曲线；（b）小波分解最优时频序列第 9 阶数据曲线；（c）前兆信息量数据曲线

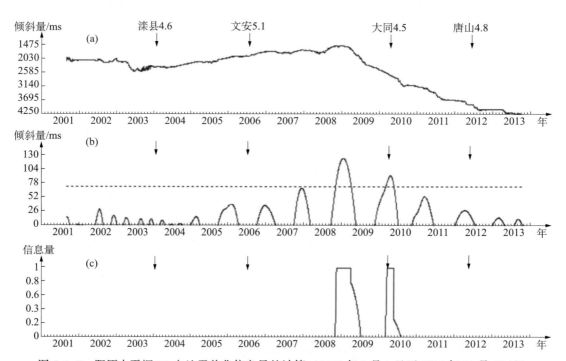

图 5.1.7　阳原水平摆 NS 向地震前兆信息量的计算（2001 年 9 月 1 日至 2013 年 11 月 17 日）

（a）原始日均值数据曲线；（b）EMD 分解最优时频序列第 7 阶数据曲线；（c）前兆信息量数据曲线

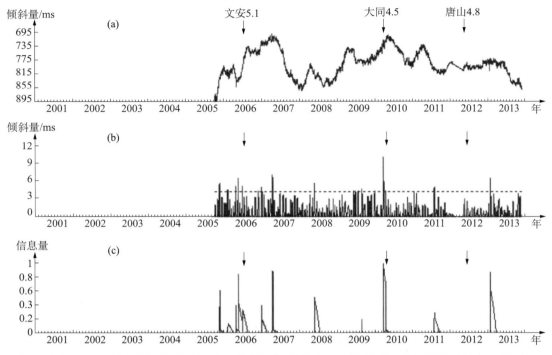

图 5.1.8 张家口水平摆 EW 向地震前兆信息量的计算（2005 年 10 月 1 日至 2013 年 11 月 17 日）

（a）原始日均值数据曲线；（b）小波分解最优时频序列第 4 阶数据曲线；（c）前兆信息量数据曲线

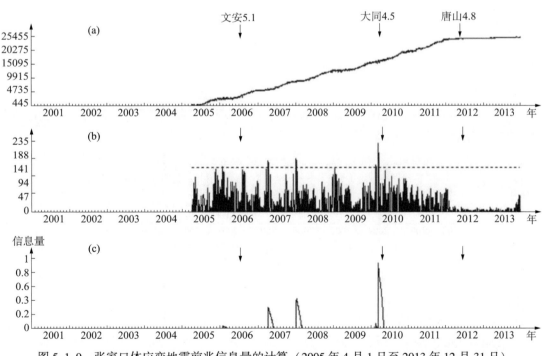

图 5.1.9 张家口体应变地震前兆信息量的计算（2005 年 4 月 1 日至 2013 年 12 月 31 日）

（a）原始日均值数据曲线；（b）EMD 分解最优时频序列第 3 阶数据曲线；（c）前兆信息量数据曲线

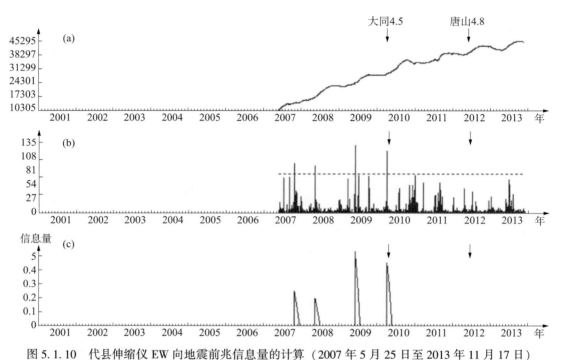

图 5.1.10　代县伸缩仪 EW 向地震前兆信息量的计算（2007 年 5 月 25 日至 2013 年 11 月 17 日）

（a）原始日均值数据曲线；（b）小波分解最优时频序列第 1 阶数据曲线；（c）前兆信息量数据曲线

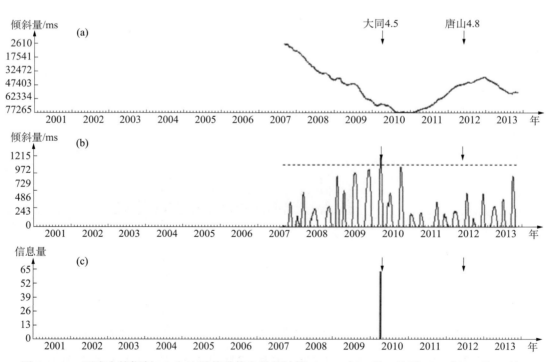

图 5.1.11　延庆水管倾斜 NS 向地震前兆信息量的计算（2007 年 9 月 4 日至 2013 年 11 月 17 日）

（a）原始日均值数据曲线；（b）小波分解最优时频序列第 6 阶数据曲线；（c）前兆信息量数据曲线

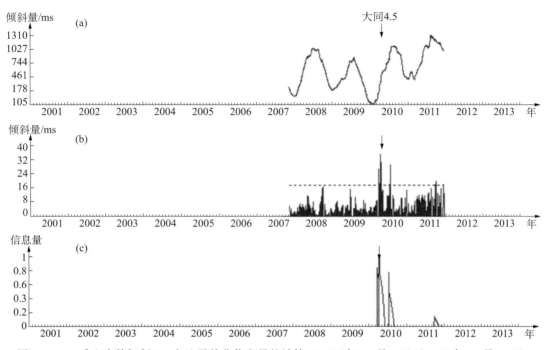

图 5.1.12　香山水管倾斜 NS 向地震前兆信息量的计算（2007 年 11 月 5 日至 2011 年 11 月 29 日）

（a）原始日均值数据曲线；（b）EMD 分解最优时频序列第 2 阶数据曲线；（c）前兆信息量数据曲线

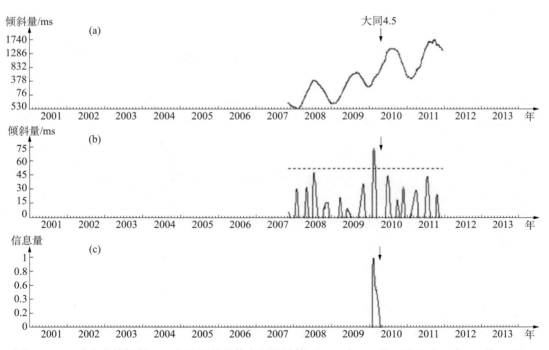

图 5.1.13　香山水管倾斜 EW 向地震前兆信息量的计算（2007 年 11 月 5 日至 2011 年 11 月 29 日）

（a）原始日均值数据曲线；（b）小波分解最优时频序列第 6 阶数据曲线；（c）前兆信息量数据曲线

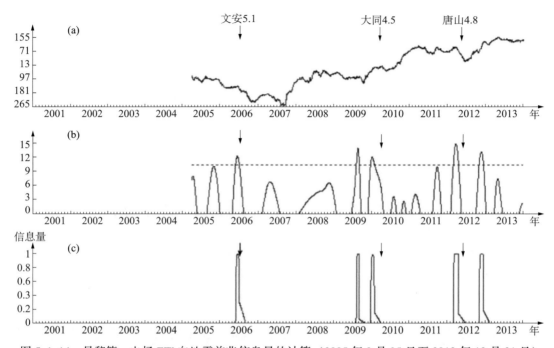

图 5.1.14　昌黎第一电场 EW 向地震前兆信息量的计算（2005 年 3 月 25 日至 2013 年 12 月 31 日）
（a）原始日均值数据曲线；（b）EMD 分解最优时频序列第 6 阶数据曲线；（c）前兆信息量数据曲线

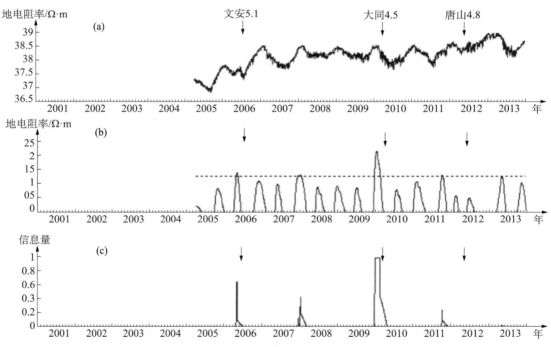

图 5.1.15　阳原地电阻率 NE 向地震前兆信息量的计算（2005 年 4 月 1 日至 2013 年 12 月 31 日）
（a）原始日均值数据曲线；（b）小波分解最优时频序列第 7 阶数据曲线；（c）前兆信息量数据曲线

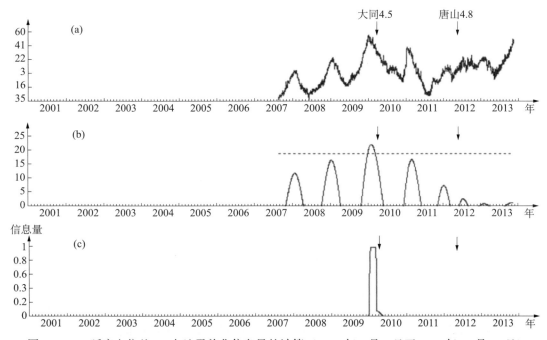

图 5.1.16　延庆电位差 NS 向地震前兆信息量的计算（2009 年 3 月 1 日至 2013 年 11 月 17 日）

（a）原始日均值数据曲线；（b）EMD 分解最优时频序列第 7 阶数据曲线；（c）前兆信息量数据曲线

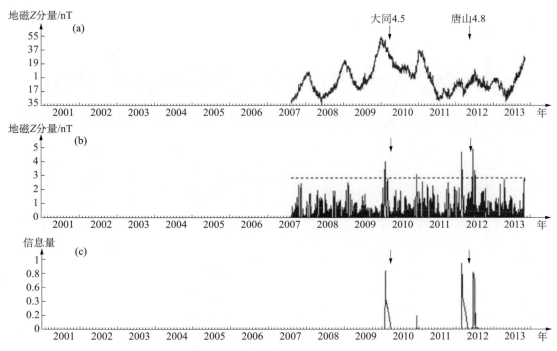

图 5.1.17　平谷地磁 Z 分量地震前兆信息量的计算（2007 年 8 月 21 日至 2013 年 11 月 17 日）

（a）原始日均值数据曲线；（b）EMD 分解最优时频序列第 3 阶数据曲线；（c）前兆信息量数据曲线

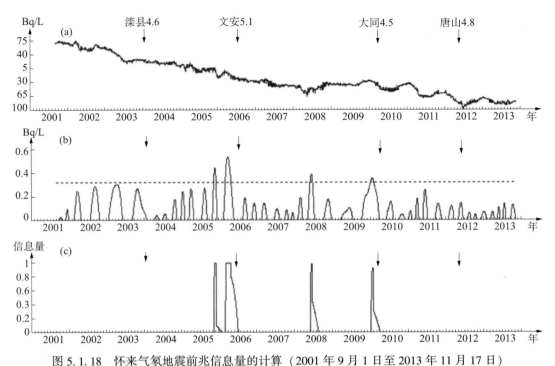

图 5.1.18　怀来气氡地震前兆信息量的计算（2001 年 9 月 1 日至 2013 年 11 月 17 日）
（a）原始日均值数据曲线；（b）EMD 分解最优时频序列第 6 阶数据曲线；（c）前兆信息量数据曲线

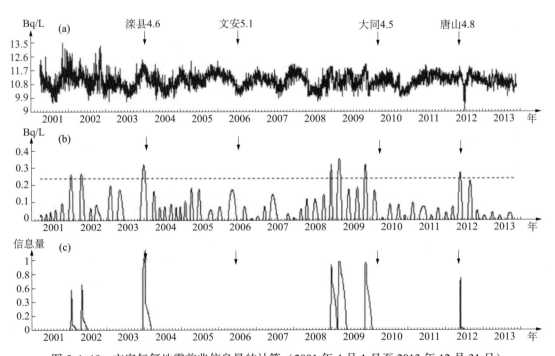

图 5.1.19　文安气氡地震前兆信息量的计算（2001 年 4 月 1 日至 2013 年 12 月 31 日）
（a）原始日均值数据曲线；（b）EMD 分解最优时频序列第 6 阶数据曲线；（c）前兆信息量数据曲线

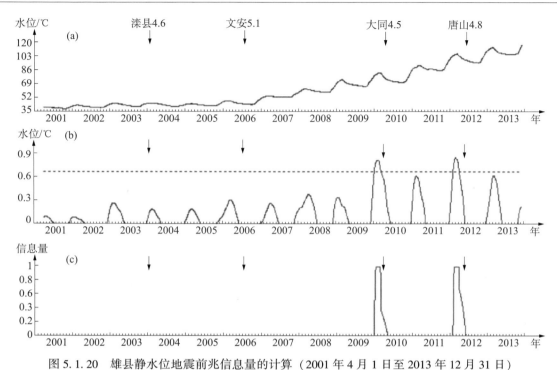

图 5.1.20 雄县静水位地震前兆信息量的计算（2001 年 4 月 1 日至 2013 年 12 月 31 日）

（a）原始日均值数据曲线；（b）小波分解最优时频序列第 8 阶数据曲线；（c）前兆信息量数据曲线

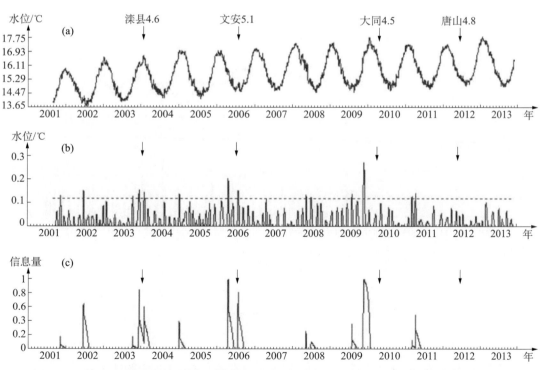

图 5.1.21 徐庄子浅层水温地震前兆信息量的计算（2001 年 8 月 29 日至 2013 年 11 月 17 日）

（a）原始日均值数据曲线；（b）小波分解最优时频序列第 5 阶数据曲线；（c）前兆信息量数据曲线

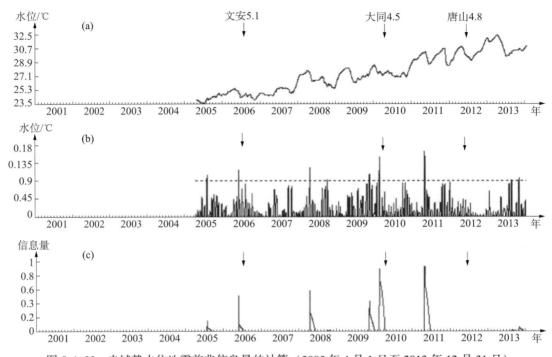

图 5.1.22　赤城静水位地震前兆信息量的计算（2005 年 4 月 1 日至 2013 年 12 月 31 日）
（a）原始日均值数据曲线；（b）小波分解最优时频序列第 4 阶数据曲线；（c）前兆信息量数据曲线

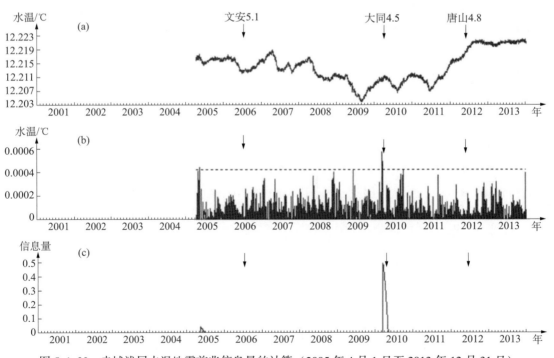

图 5.1.23　赤城浅层水温地震前兆信息量的计算（2005 年 4 月 1 日至 2013 年 12 月 31 日）
（a）原始日均值数据曲线；（b）小波分解最优时频序列第 3 阶数据曲线；（c）前兆信息量数据曲线

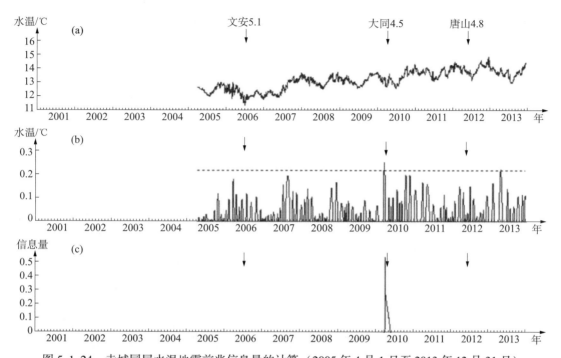

图 5.1.24　赤城同层水温地震前兆信息量的计算（2005 年 4 月 1 日至 2013 年 12 月 31 日）

（a）原始日均值数据曲线；（b）EMD 分解最优时频序列第 4 阶数据曲线；（c）前兆信息量数据曲线

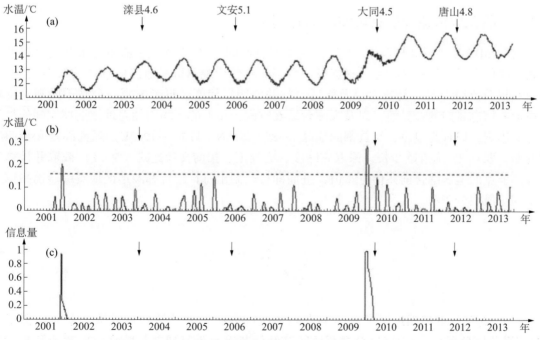

图 5.1.25　张家口同层水温地震前兆信息量的计算（2001 年 9 月 1 日至 2013 年 11 月 17 日）

（a）原始日均值数据曲线；（b）小波分解最优时频序列第 6 阶数据曲线；（c）前兆信息量数据曲线

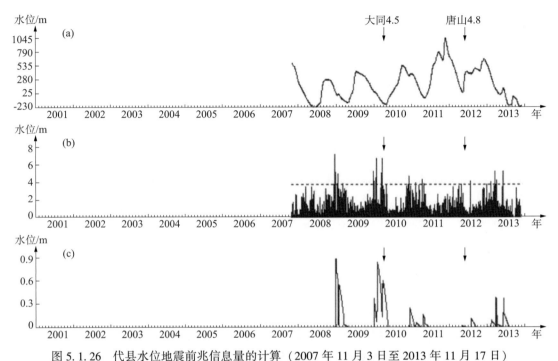

图 5.1.26　代县水位地震前兆信息量的计算（2007 年 11 月 3 日至 2013 年 11 月 17 日）

（a）原始日均值数据曲线；（b）小波分解最优时频序列第 1 阶数据曲线；（c）前兆信息量数据曲线

5.1.2　前兆异常综合信息量空间演化图像

在对 2010 年 1 月 8 日至 2010 年 4 月 10 日首都圈地区 55 项数字前兆骨干观测资料进行地震前兆信息量计算的基础上，根据每一数字前兆骨干观测资料地震信息量的权系数（注：本研究权系数均为 1）、计算结果及所属台站的空间经纬度，再考虑同一台站不同观测资料地震前兆信息量间的差异性，以及观测台站在空间分布上的不均匀性对地震前兆空间信息所产生的影响，以日为单位，从首都圈地区（38°～41°N，113°～120°E）最南纬度和最西经度开始，取 0.25° 为滑动步长，采取先纬度、后经度，按前文所述式（5-1）截取并计算每一经纬节点的地震综合前兆信息量值，进而即可绘制出每日的首都圈地区地震综合前兆信息量空间等值线分布图。

$$S_{窗} = \frac{1}{\sum\limits_{i=1}^{i=N} q_i} \sum\limits_{i=1}^{i=N} (q_i \times S_i) \qquad (5-4)$$

式中，$S_{窗}$ 为某日首都圈地区某经纬节点扫描范围内截取并计算的地震综合前兆信息量值（带权平均信息量）；q_i 为该日首都圈地区该经纬节点扫描范围内某数字前兆观测资料的地震信息量权系数；S_i 为该日首都圈地区该经纬节点扫描范围内某数字前兆观测资料的前兆信

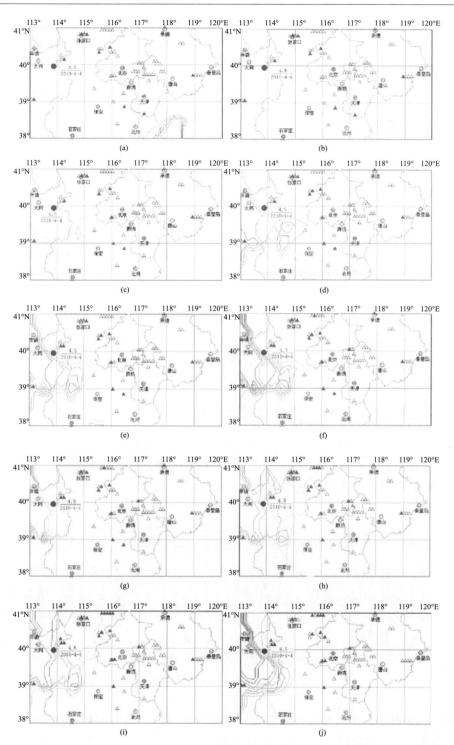

图 5.1.27　2010 年 4 月 4 日大同 4.5 级地震前首都圈地震综合前兆信息量空间演化
（a）2010 年 1 月 9 日；（b）2010 年 1 月 14 日；（c）2010 年 1 月 22 日；（d）2010 年 1 月 29 日；
（e）2010 年 2 月 4 日；（f）2010 年 2 月 17 日；（g）2010 年 2 月 18 日；（h）2010 年 3 月 3 日；
（i）2010 年 3 月 15 日；（j）2010 年 4 月 4 日

息量值；N 为该日首都圈地区该经纬节点扫描范围内数字前兆观测资料总数。

确定式（5-4）中经纬节点扫描范围半径的做法是，首先选定首都圈地区未来地震危险性的预期目标震级，根据预期目标震级与地震前兆异常展布范围的统计关系（5-5），得到经纬节点扫描范围半径。

$$D = 61M - 133.7 \qquad (5-5)$$

式中，D 为首都圈地区经纬节点扫描范围的半径；M 为选定的首都圈地区未来地震危险性的预期目标震级。

按照上述方法，从 2010 年 1 月 8 日至 2010 年 4 月 10 日逐日截取制作了首都圈地区地震综合前兆信息量空间等值线分布图。鉴于篇幅所限，这里仅给出了其部分图件，具体见图 5.1.27。同样，为便于对比分析和研究，对这些图件采取了统一的制作方法，等值线起始值均为 0.2；等值线间隔值均为 0.05。

从截取制作的 2010 年 1 月 8 日至 2010 年 4 月 10 日逐日首都圈地区地震综合前兆信息量空间等值线分布图可知，2010 年 4 月 4 日大同 4.5 级地震前，首都圈地区地震综合前兆信息场（综合前兆信息量空间等值线分布图）演化过程是，震兆信息先外强内弱（指震中区域为内、外围区域为外）→外消失内持续→内扩大→内收缩增强→发震，震前震中区综合前兆信息量值较高，这与上述分析的震前震中区相对异常台项比较高是一致的。

5.1.3　首都圈前兆异常综合信息量时序变化

图 5.1.28 是根据对首都圈地区每一数字前兆骨干观测资料进行地震信息量提取与计算的结果，再逐日截取并计算首都圈地区地震前兆信息量平均值，进而合成得到的首都圈地区地震综合前兆信息量时序曲线，这条曲线自然也包括了对大同 4.5 级地震前后综合前兆信息量的合成与计算。

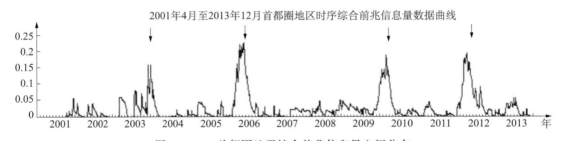

图 5.1.28　首都圈地震综合前兆信息量空间分布

从图 5.1.28 可知，2010 年 4 月 4 日大同 4.5 级地震前，综合前兆信息量从 2009 年 11 月 11 日开始逐步增大，2010 年 1 月 8 日突破警戒线（0.1），群体震兆信息越来越显著，2010 年 3 月 8 日综合前兆信息量达到局部最大（为 0.186），其后信息量转为下降，在下降过程中，2010 年 4 月 4 日发生大同 4.5 级地震。从综合前兆信息量出现高于警戒线的异常，到大同 4.5 级地震的发生，间隔时间约为 3 个月；从综合前兆信息量达到局部最大，到大同 4.5

级地震的发生，间隔时间约为 1 个月，展示了首都圈地区数字前兆骨干观测资料的群体震兆短临信息的映震过程。应当指出的是，尽管大同 4.5 级地震的综合（群体）震兆信息清晰明显，但其最大信息也仅为 0.186，这一方面反映了地震孕育成因的复杂性，同时，另一方面也反映了当前数字前兆观测资料较客观的实际映震情况。因此，加强新手段、新仪器的研究和研制，仍是未来地震监测的重要工作之一。

5.2 首都圈数字前兆群体性异常综合报警方法和技术

5.2.1 "数字前兆群体性异常综合报警软件" 研制

根据首都圈地区数字前兆资料信息提取与震例研究结果，研制了 "数字前兆群体性异常综合报警软件"。该软件对数字前兆观测资料的地震前兆信息量计算流程如图 5.2.1 所示。

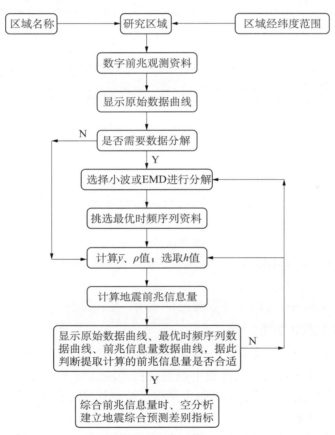

图 5.2.1 数字前兆观测资料地震前兆信息量计算数据处理流程

依照上述数据处理流程图，研制了数字前兆群体性异常综合报警软件。该软件是在 Windows XP 操作环境下，用 Visual Basic 语言编写的，由 13 个子窗体、20 个计算模块组成，分为工作区域、数据处理、前兆信息量计算、前兆信息量综合分析、显示打印、震情分析报告等 6 个主控菜单，其主控界面如图 5.2.2 所示。

图 5.2.2　数字前兆群体性异常综合报警软件主控界面

5.2.1.1　软件的基本特点

（1）用户界面友好，充分利用 VB 语言所提供的按钮、对话框、列表框、文本框等控件，使用户界面具有三维立体感。

（2）标准的窗体界面，一致性的操作方法。

（3）全中文在线提示操作。

（4）参数输入具备记忆性和容错、纠错功能。

（5）文件名输入采用标准的文件管理窗口方式，操作简便。

5.2.1.2　软件的基本功能

（1）可对各种量纲数字前兆观测资料进行地震前兆信息量的提取与计算。

（2）对工作区域计算得到的大批数字观测资料的地震前兆信息量，能一次性成批有规律地间隔截取诸时间截面地震综合前兆信息量值，绘制其地震综合前兆信息量时序曲线和地震综合前兆信息量空间分布图。

（3）能在屏幕上滚动显示或在打印机上打印给定时间内的数字前兆观测资料的原始数据、小波或 EMD 时频分解预处理数据和信息量计算结果数据。

（4）能在屏幕上同时或选择显示数字前兆观测资料的原始数据曲线、小波或 EMD 时频分解预处理数据曲线和信息量计算结果数据曲线。

5. 1. 2. 3　软件的主要创新点

（1）将小波和经验模态（EMD）时频分解技术编入软件，可分屏幕、多频域展示数字前兆观测资料的时序曲线，方便并提高了挖掘地震异常信息的效能。

（2）在对工作区域数字群体综合异常信息进行空间扫描计算分析时，改变了过去经、纬节点扫描半径人为简单指定的方式，而是根据工作区域未来地震危险性的预期目标震级与异常震中距关系确定扫描半径，由此得到的扫描结果更加贴近实际。

（3）增加了对计算结果的导出与导入功能，既可对前工作区域地震信息量计算的原始数据、小波和 EMD 时频分解预处理数据、单项数字前兆观测资料信息量的提取、时间和空间综合分析等结果信息，分类导出予以保存到用户指定的路径和文件夹中，也可将本工作区域以往地震信息量计算的原始数据、小波和 EMD 时频分解预处理数据、单项数字前兆观测资料信息量的提取、时间和空间综合分析等结果信息，分类导入当前应用程序下相应子文件夹中。

应用首都圈地区实际观测数据模拟操作运算，得到的首都圈地区地震综合前兆信息量时序曲线如图 5.2.3 所示（与图 5.1.28 一致）。

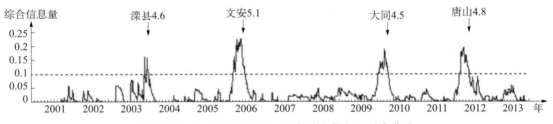

图 5.2.3　首都圈地区地震综合前兆信息量时序曲线

该软件已现场通过了测试专家组的技术指标测试。具体测试内容是：

测试专家组审阅了《数字前兆群体性异常综合报警软件测试大纲》，并查阅了相关文件，对数字前兆群体性异常综合报警软件进行了功能测试，结论如下：

①软件实现了工作区域的选择、数字前兆数据预处理、前兆信息量提取与计算、前兆信息量时、空综合计算与分析、有关数据资料的显示和打印功能，并可以人机交互产出工作区域震情告警发布的准备报告。

②该软件数据分析处理具有容错纠错、参数记忆和操作提示等特点，软件系统运行稳定。

③该软件已在云南省地震局及有关地市地震局、北京市地震局、河北省地震局、中国地震台网中心等单位试用。

④软件文档（需求分析说明书、用户安装说明书、用户使用说明书、软件测试申请报告、软件测试大纲）齐全。

5. 2. 2　首都圈地区前兆群体性异常与地震告警示范应用

根据首都圈地区 2001 年 4 月 1 日至 2013 年 12 月 31 日首都圈地区地震综合前兆信息量

时序曲线（图5.2.3），如果我们取0.1为地震综合前兆信息量时序曲线异常警戒线值，那么从2001年4月1日起，首都圈地区地震综合前兆信息量时序曲线共出现了4组5次异常时段，即：2003年12月13—18日及2004年1月2—24日，2006年4月7日至2006年7月26日，2010年1月8日至2010年4月10日和2012年3月5日至2012年5月28日，分别对应了2004年1月20日滦县4.6级地震、2006年7月4日文安5.1级地震、2010年4月4日大同4.5级地震和2012年5月28日唐山4.8级地震。

　　以2012年5月28日唐山4.8级地震为例，在2012年5月15日计算出来的首都圈地区综合前兆信息量时序曲线如图5.2.4所示。

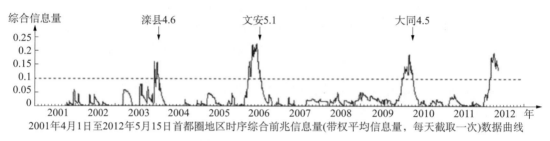

2001年4月1日至2012年5月15日首都圈地区时序综合前兆信息量(带权平均信息量，每天截取一次)数据曲线

图 5.2.4　首都圈地区地震综合前兆信息量时序曲线

　　2012年5月15日首都圈地区的前兆异常综合信息空间分布图如图5.2.5所示。根据软件设计的功能，可以根据对工作区域建立的地震时、空综合预测指标信息，通过人机对话输入关键信息（分析日期、异常区域或地名），由计算机以WORD文档形式自动产出震情分析报告。

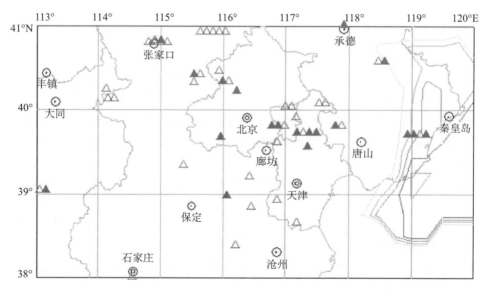

图 5.2.5　2012 年 5 月 15 日首都圈地区前兆综合信息量空间分布

图中经纬度滑动扫描步长0.25°；▲为有信息显示的台项；△无信息显示的台项；等值线起始值0.2；

等值线最大值0.453；等值线间隔0.05；扫描震级4.5～4.9；确定扫描半径依据：异常震中距统计公式；

扫描量值：带权平均信息量

　　例如，在图 5.2.6 所示的对话框输入 20120515 的信息，表示是 2015 年 5 月 15 日的分析报告。

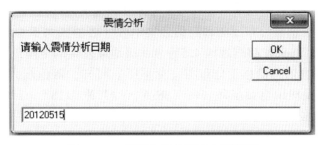

图 5.2.6　震情分析日期输入对话框

　　根据图 5.2.5 前兆异常综合信息极值区的分布范围，在另一个危险区域对话框中输入"唐山至秦皇岛一带（38.5°～41°N，118°～120°E）"，则软件输出的 2015 年 5 月 15 日的震情分析报告如下：

首都圈地区震情分析报告

2012 年 5 月 15 日发布

===============================

　　2012 年 5 月 15 日至 2012 年 6 月 29 日，首都圈地区可能会发生 4.5 级以上地震，其中 4.5～4.9 级地震的危险地点为唐山至秦皇岛一带（38.5°～41°N，118°～120°E），对此应予以高度关注，并密切加强震情跟踪分析工作。

地震预测依据

一、时间预测

　　在对首都圈地区 57 台项数字前兆观测资料进行信息量提取，进而开展时序综合前兆信息量分析的基础上，提炼并建立了地震时间综合预测指标（方法），即：当时序综合前兆信息量出现大于 1 异常时，未来 45 天之内，在首都圈地区将可能会发生 4.5 级以上地震。从时序综合前兆信息量数据曲线图（见下图）可知，2012 年 5 月 15 日的时序综合前兆信息量为 0.127。据此分析认为，2012 年 5 月 15 日至 2012 年 6 月 29 日首都圈地区可能会发生 4.5 级以上地震。

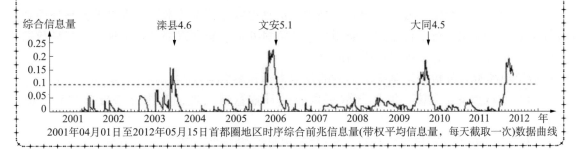

2001年04月01日至2012年05月15日首都圈地区时序综合前兆信息量(带权平均信息量，每天截取一次)数据曲线

二、地点预测

在对首都圈地区 57 台项数字前兆观测资料进行信息量提取，进而开展空间综合前兆信息量分析的基础上，提炼并建立了 4.5～4.9 级地震危险区综合预测指标（方法），即：空间综合前兆信息量分布图的较高信息集中区（等值线大于等于 0.2 围成的区域）内或其边缘地带，是未来首都圈地区 4.5～4.9 级地震发生的危险地点。从 2012 年 5 月 15 日截取的空间综合前兆信息量分布图（见下图）可知，等值线大于等于 0.2 围成的较高信息集中区，是唐山至秦皇岛一带（38.5°～41°N，118°～120°E）为 4.5～4.9 级地震的可能发生地带。

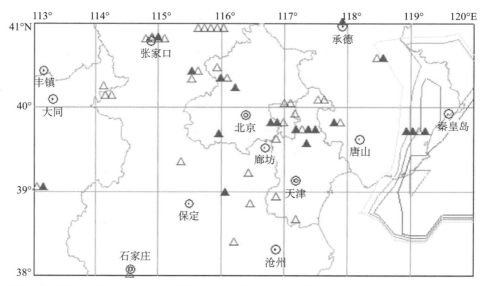

图中经纬度滑动扫描步长 0.25°；▲为有信息显示的台项；△无信息显示的台项；等值线起始值 0.2；
等值线最大值 0.453；等值线间隔 0.05；扫描震级 4.5～4.9；确定扫描半径依据：异常震中距统计公式；
扫描量值：带权平均信息量

5.3 数字前兆资料分析处理集成技术

通过引进应用相关领域的海量数据处理和信息提取及挖掘技术，建立自动数据处理和信息提取系统，采用人机结合方式，研制数字化资料处理、异常识别与告警软件，提高数据处理的自动化水平，满足监视跟踪震情的要求。

数字前兆资料分析处理系统应达到的技术指标和参数为：

（1）实现形变、电磁、流体等数字资料的日常数据处理、专用方法分析和异常提取功能；

（2）实现数字地震观测资料的正常/异常信息的动态展示功能；

（3）实现会商 PPT 一键生成功能。PPT 内容包括台站基本信息、原始数据/预处理数据，公用方法处理结果及异常自动识别与告警结果；

（4）实现比较专业的数据图像绘制功能，以供异常综合分析的需要。

5.3.1 总体设计

5.3.1.1 系统设计原则

数字前兆资料分析处理系统开发在充分了解并分析需求的基础上，采用自顶向下、分层设计、逐步求精的步骤进行设计。

合理地划分系统功能是确保用户功能需求实现的基础，根据系统的建设目标，将数字前兆资料分析处理系统设计为 3 个模块，即数字化资料处理与异常检测模块、异常动态展示与分析模块、一键 PPT 生成模块。

在子模块的基础上，数字前兆资料分析处理系统采用自顶向下设计原则，将每个子模块划分为若干配置项，配置项划分为若干部件，部件划分为若干单元。通过自顶向下、逐步求精的设计过程，进行系统的开发、运行、部署设计。

5.3.1.2 系统总体结构设计

数字前兆资料分析处理系统总体结构如图 5.3.1 所示。从前兆数据库中读取各学科的观测数据，利用研制的数字前兆资料分析处理系统中的后台自动运行程序进行数字资料处理与异常分析提取，将分析得到的数据结果上传到异常分析数据库服务器中，图形结果上传到 FTP 服务器中；系统可对处理分析结果进行检索、查询，以及动态展示；同时可以将数据处理和异常分析结果自动生成 PPT，提供给用户使用。

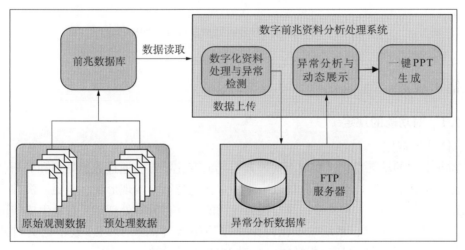

图 5.3.1 数字前兆资料分析处理系统总体结构设计

5.3.1.3 系统部署设计

系统部署方案的架构如图 5.3.2 所示。表 5.3.1 为系统软件部署内容。由于学科中心的用户都是专业操作员，只向内部用户开放，所以建议系统部署在内网核心区即可。

表 5.3.1　软件部署内容

序号	服务器	部署的软件或服务
1	FTP 服务器	Linux
2	异常数据库服务器	Linux、Oracle11g
3	数据处理服务器	Windows
		数字前兆资料分析处理系统

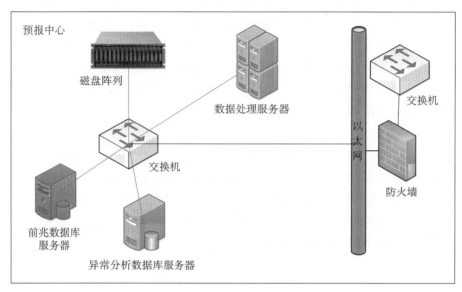

图 5.3.2　数字前兆资料分析处理系统部署架构示意图

5.3.2　需求规定

5.3.2.1　对功能的规定

1）总体功能规定

数字前兆资料的动态变化，获取干扰因素引起的变化特点，通过数据处理和分析技术，获取正常动态变化特征，通过震例研究提取短临异常变化特征，实现形变、电磁、流体等数字前兆资料的正常变化识别技术和异常提取与报警的功能，并将分析处理结果自动生成演讲 PPT。

为满足上述功能需求，系统主要由三个子模块组成（图 5.3.3）：数字化资料处理与异常检测模块、异常动态展示与分析模块、一键 PPT 生成模块。

2）数据处理功能

（1）形变数据处理。

①均值计算：

● 功能描述：

形变观测数据的日均值、五日均值、旬均值计算。

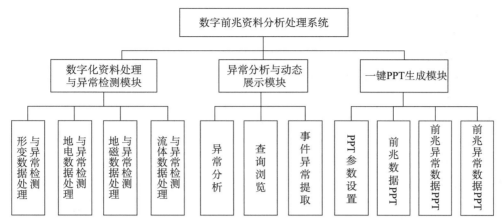

图 5.3.3　数字前兆资料分析处理系统总体功能

● 输入量说明：

地倾斜台站观测整时值数据、地应变台站观测整时值数据。

● 加工处理描述：

针对已经过预处理、量纲修正、插值处理的整时值，进行日均值、五日均值、旬均值计算。

● 输出量说明：

地倾斜、地应变观测的日均值、五日均值、旬均值数据。

②潮汐分析计算：

● 功能描述：

计算地倾斜、洞体应变、钻孔应变观测的固体潮参数。

● 输入量说明：

倾斜观测整时值；洞体应变观测整时值；钻孔应变观测整时值。测点经纬度；计算时间段。

● 加工处理描述：

调用调和分析方法，在选定时间段内，以月为窗长计算倾斜、洞体应变、钻孔应变的固体潮参数，或以 30 天为窗长、以 2 天为滑动步长计算倾斜、洞体应变、钻孔应变的连续固体潮参数。

● 输出量说明：

M_2 波潮汐因子、相位滞后、潮汐因子中误差序列。

③非潮汐变化计算：

● 功能描述：

对固体潮整时值数据，利用固体潮改正，计算非潮汐变化值。

● 输入量说明：

固体潮整时值数据；纬度、经度、高程。

● 加工处理描述：

对固体潮整时值数据，利用固体潮改正，去除漂移，计算非潮汐变化值。

● 输出量说明：

去除理论固体潮、去除漂移后的非潮汐变化值。

（2）地磁数据处理。

①基于地磁绝对分钟值的地磁场七要素计算：

● 功能描述：

地磁时均值、日均值、子夜均值、月均值、年均值的计算。

● 输入量说明：

经过基本归算处理的绝对分数据。

● 加工处理描述：

基于地磁绝对分钟值来计算地磁的时均值、日均值、子夜均值；再基于得到的日均值数据计算月均值和年均值。

● 输出量说明：

地磁时均值、日均值、子夜均值、月均值、年均值。

②地磁日变幅及相关参数计算：

● 功能描述：

地磁日变幅及相关参数的计算。

● 输入量说明：

经过基本归算处理的相对分钟值数据。

● 加工处理描述：

按北京时间系统，基于地磁分钟值预处理数据（经过基本归算处理的分钟值数据）的地磁日变幅的计算。

● 输出量说明：

早高时间、晚高时间、低点时间、早高值、晚高值、低点值、日变幅。

③磁扰事件相关参数计算：

● 功能描述：

磁扰事件目录制作。

● 输入量说明：

经过基本归算处理的相对分钟值数据；"十五"数据库；磁扰事件目录。

● 加工处理描述：

利用我国地磁固定台网分钟采样的日变化数据去除静日变化；结合台网产出的磁扰事件目录数据，编制新的磁扰事件目录，产出中国地区地磁场 D、H、Z、F 各要素磁扰事件参数数据，适时结合国际磁情指数数据。

● 输出量说明：

去静日变化数据、地磁场 D、H、Z、F 各要素磁扰事件参数数据，国际磁情指数数据。

（3）地电数据处理。

①均值计算：

● 功能描述：

计算地电阻率、均方差、自然电场的日、五日、月、年均值，地电场小时、日、五日、月、年均值。

● 输入量说明：

地电阻率、均方差、自然电场小时值、地电场分钟值。

● 加工处理描述：

据电阻率观测规范要求，计算地电阻率日、五日、月、年均值；由小时值直接计算日均值，由日均值分别计算五日、月、年均值。据地电场观测规范要求，计算地电场小时、日、五日、月、年均值；由分钟值直接计算小时、日均值，由日均值分别计算五日、月、年均值。

● 输出量说明：

地电阻率、均方差、自然电场的日、五日、月、年均值；地电场的小时、日、五日、月、年均值。

②地电阻率加权均值计算：

● 功能描述：

计算地电阻率的加权日、五日、月、年均值。

● 输入量说明：

地电阻率、均方差小时值。

● 加工处理描述：

据电阻率观测规范要求，计算地电阻率加权日、五日、月、年均值；由小时值直接计算加权日均值，由日均值分别计算五日、月、年均值。

地电阻率加权日均值计算公式

$$\overline{\rho_{S_p}} = \sum_{i=1}^{n} \rho_{S_i} \cdot \frac{1}{(\sigma_{\text{时}})_i^2} \bigg/ \sum_{i=1}^{n} \frac{1}{(\sigma_{\text{时}})_i^2}$$

式中，ρ_{S_i} 为小时观测值；n 为参与当日的日均值计算的小时值个数；$(\sigma_{\text{时}})_i$ 为第 i 个观测值的均方差。

● 输出量说明：

地电阻率加权日、五日、月、年均值。

③地电场极化矢量计算：

● 功能描述：

由同一台站两个正交测道的地电场观测数据计算地电场极化矢量强度的时间序列和极化方位时间序列。

● 输入量说明：

地电场分钟值、小时、日、五日、月、年均值。

● 加工处理描述：

某些地电场台站布极方向不是 NS 向、EW 向，需根据矢量平面旋转的方法把两个正交方向的地电场分量旋转为地电场 N—分量 E_x、E—分量 E_y。

电场极化强度计算：应用地电场 N—分量、E—分量计算电场矢量的模。公式

$$E = \sqrt{E_x^2 + E_y^2}$$

极化方位计算：应用地电场 N—分量、X—分量通过三角函数计算极化方位，公式

$$\alpha = \frac{\pi}{2} - \mathrm{tg}^{-1}\frac{E_y}{E_x} \quad \alpha = \begin{cases} 0 - \dfrac{\pi}{2}; \ E_x, \ E_y \ 在第\ 1\ 象限 \\[2mm] \dfrac{\pi}{2} - \pi; \ E_x, \ E_y \ 在第\ 2\ 象限 \\[2mm] \pi - \dfrac{3\pi}{2}; \ E_x, \ E_y \ 在第\ 3\ 象限 \\[2mm] \dfrac{3\pi}{2} - 2\pi; \ E_x, \ E_y \ 在第\ 4\ 象限 \end{cases}$$

式中，E_y 是电场的 E—分量；E_x 是电场的 N—分量。

● 输出量说明：

地电场极化强度数据（分钟、小时、日、五日、月、年）；地电场极化方位数据（分钟、小时、日、五日、月、年）。

④地电流场计算：

● 功能描述：

地电场分量旋转为地电场 N—分量、E—分量，计算各自均值电流密度模 $\{|\vec{J}|\}$ 时间序列和方位 $\{\varphi\}$ 时间序列。

● 输入量说明：

台站浅层电导率（每个台站为常数）；地电场分钟值、小时、日、五日、月、年均值。

● 加工处理描述：

地电场台站布极方向不是 NS 向、EW 向，需根据矢量平面旋转的方法把两个正交方向的地电场分量旋转为地电场 N—分量、E—分量。

用地电场 N—分量、E—分量合成矢量 $\{\vec{E}\}$，根据欧姆定律由 $\vec{E}$ 计算地电流密度。公式

$$\vec{J} = \sigma \vec{E}$$

式中，σ 是台站浅层电导率。

电流密度矢量方位 φ 计算：应用地电场 N—分量、X—分量通过三角函数计算方位。公式

$$\varphi = \frac{\pi}{2} - \mathrm{tg}^{-1}\frac{E_y}{E_x}$$

式中，E_y 是电场的 E—分量；E_x 是电场的 N—分量。

● 输出量说明：

地电流场电流密度模 $\{|\vec{j}|\}$ 时间序列和电流密度矢量方位 $\{\varphi\}$ 时间序列（分钟、小时、日、五日、月、年）。

（4）流体数据处理。

①均值与方差计算：

● 功能描述：

按月自动计算水位、水温、氡、汞、氦和气体或离子日均值、五日均值、旬均值、月均值及方差；按年计算年均值及方差。可将计算结果保存文件，并将日均值、月均值、月均值方差、年均值、年均值方差写入相应的产品表中。

● 输入量说明：

水位、水温、氡、汞、氦和气体或离子整点值、日值序列。

● 加工处理描述：

计算水位、水温、氡、汞、氦和气体或离子日均值、五日均值、旬均值、月均值、年均值及方差。

● 输出量说明：

水位、水温、氡、汞、氦和气体或离子日均值、五日均值、旬均值、月均值、年均值及方差。

②水位潮汐分析：

● 功能描述：

根据地震应急或研究需要，计算在指定时段内，采用调和分析方法，在选定时段内，采用滑动法，一次取 30 天数据，滑动步长为 2 天进行水位固体潮汐分析，计算水位波潮汐因子、相位滞后及其中误差，将其存储在水位潮汐产品数据表中；也可以在已有产品数据基础上，补充计算未计算时段的潮汐参数。

● 输入量说明：

测点经度、纬度；水位整点值序列。

● 加工处理描述：

采用调和分析方法，在选定时段内，采用滑动法，一次取 30 天数据，滑动步长为 2 天，水位固体潮汐分析，计算水位波潮汐因子、相位滞后及其中误差。

● 输出量说明：

水位波潮汐因子、相位滞后及其中误差序列。

③水位气压改正：

● 功能描述：

根据地震应急或研究需要，对指定时段内，通过回归分析方法计算水位气压系数，对水位观测序列进行气压校正，形成时间序列，将其存储在水位气压改正产品数据表中。

● 输入量说明：

水位、气压整点值或日值序列。

● 加工处理描述：

通过回归分析方法计算水位气压系数，对水位观测序列进行气压校正，形成时间序列。

● 输出量说明：

气压系数；经过气压校正的水位数据序列。

④变差分析：

● 功能描述：

按月、年，选取满足要求测点，计算水位、水温、氡、汞、氮、气体及离子的月变差、年变差。

● 输入量说明：

选定产品时间、产品使用的观测站点；水位、水温的月均值、年均值数据氡、汞、氮、气体及离子测项的月均值、年均值及方差。

● 加工处理描述：

计算水位、水温月变差、年变差；计算氡、汞、氮、气体及离子的月或年相对变差。

● 输出量说明：

水位、水温月变差、年变差；氡、汞、氮、气体及离子的月或年相对变差。

3）异常分析功能

（1）线性趋势分析。

● 功能描述：

用模式识别中的 K-L 展开式对观测数据序列进行最佳线性拟合。使用线性拟合方法获取时间序列趋势变化动态，并自动剔除线性趋势变化，将时间序列校正为稳态的序列。

● 输入量说明：

待拟合的二维观测数据序列，数据个数。

● 加工处理描述：

K-L 展开式的最佳直线拟合方法是使用观测数据点到拟合直线的垂直距离（即误差）的平方和来评价"最佳"的拟合优度。

对于给定的对观测或测量数据

$$(x_1, y_1), (x_2, y_2), \cdots (x_n, y_n)$$

用直线

$$y = kx + b$$

进行曲线拟合。拟合直线为

$$y = k(x - m_x) + m_y$$

线性度为

$$\varepsilon_L = [2\lambda_2 / (\lambda_1 + \lambda_2)] \times 100\%$$

● 输出量说明：

拟合直线的系数（斜率 k，截距 b）；线性度 sigma。

（2）相关分析。

● 功能描述：

给出两组时间序列在某一时间段的相关系数，相关计算样本长度可选（给定长度、时间间隔可选）。

● 输入量说明：

待求取相关系数的两组时间序列值；时间序列值长度；时间序列值时间间隔。

● 加工处理描述：

利用相关系数公式计算两组时间序列的相关系数。

$$\rho_{xy} = \frac{\mathrm{Cov}(x, y)}{\sqrt{D(x)} \sqrt{D(y)}}$$

式中，$\mathrm{Cov}(x, y)$ 表示时间序列变量 x 和 y 的协方差；$D(x)$ 和 $D(y)$ 为时间序列变量 x 和 y 的方差。

● 输出量说明：

两组观测值的相关系数。

（3）回归方法。

线性回归分析：

● 功能描述：

使用线性拟合方法确定时间序列的趋势变化状态，使用线性拟合值校正时间序列，给出平稳时间序列。

● 输入量说明：

待校正的时间序列数据；数据个数。

● 加工处理描述：

首先利用线性拟合方法确定时间序列的趋势变化，其方法见"线性趋势分析模块"，之后按照线性拟合值，校正得到平稳的时间序列。

● 输出量说明：

校正后的时间序列数据；线性度 sigma。

逐步回归分析：

● 功能描述：

使用逐步挑选显著影响因子、剔除不显著影响因子的方式获取回归方程中的影响因子。用多元逐步回归法排除如降水、流量、气压等干扰，获取多年趋势动态信息。

● 输入量说明：

待校正的时间序列数据；数据个数。

● 加工处理描述：

多元逐步回归方法是从 m 个自变量中选择 k 个自变量，拟合最优或较理想的多远线性回归方程。主要思路是在考虑的全部自变量中按其对 y 的作用大小，显著程度大小或者贡献大小，由大到小逐个地引入回归方程，而对那些对作用不显著的变量可能始终不被引入回归方程。另外，已被引入的回归方程的变量在引入新变量后也可能失去重要性，而需要从回归方程中剔除出去。

● 输出量说明：

校正后的时间序列数据；误差平方和；标准差；回归平方和；偏相关系数；复相关系数；T 检验值；相关系数的临界值。

（4）平滑滤波分析。

● 功能描述：

平滑滤波方法包括：3 点平滑、5 点平滑、+1 点平滑、12 点和 24 点平滑等方法。

● 输入量说明：

时间序列数据；选择的平滑滤波方法（flag）。

● 加工处理描述：

三点线性平滑滤波的数学模型如下：

$$
\begin{cases}
\overline{Y}_i = (Y_{i-1} + Y_i + Y_{i+1})/3 \\
\overline{Y}_1 = (5Y_1 + 2Y_2 - Y_3)/6 \qquad (i = 2,\ 3,\ \Lambda,\ n-1) \\
\overline{Y}_n = (-Y_{n-2} + 2Y_{n-1} + 5Y_n)/6
\end{cases}
$$

五点线性平滑滤波的数学模型如下：

$$
\begin{cases}
\overline{Y}_i = (Y_{i+2} + Y_{i+1} + Y_i + Y_{i-1} + Y_{i-2})/5 \\
\overline{Y}_1 = (3Y_1 + 2Y_2 + Y_3 - Y_5)/5 \\
\overline{Y}_2 = (4Y_1 + 3Y_2 + 2Y_3 + Y_4)/10 \qquad (i = 3,\ 4,\ \Lambda,\ n-2) \\
\overline{Y}_{n-1} = (Y_{n-3} + 2Y_{n-2} + 3Y_{n-1} + 4Y_n)/10 \\
\overline{Y}_n = (-Y_{n-4} + Y_{n-2} + 2Y_{n-1} + 3Y_n)/5
\end{cases}
$$

（$2m+1$）线性平滑滤波的数学模型如下：

$$
\overline{Y}_i = \sum_{k=-m}^{m} Y_{i+k}/(2m+1) \quad (i = m+1,\ m+2,\ \Lambda,\ n)
$$

● 输出量说明：

平滑后的时间序列数据。

（5）周期分析。

● 功能描述：

使用谱分析方法给出时间序列的周期谱。

● 输入量说明：

地震时间序列数据；序列个数。

● 加工处理描述：

为了提取主要周期使用周期图方法，一个数字时间序列可以抽象地看成一个质点在一段时间上随机运动的轨迹经离散抽样得到的一个子样，可以在频率域上用它的周期，相位和振幅，功率和能谱进行分析和描述。各种周期变化的振幅就是振幅谱中相应谱线的高度，振幅不同的各种周期变化是一系列高低不等的谱线。

● 输出量说明：

各种周期的频率；各周期的振幅。

（6）差分分析。

● 功能描述：

使用一阶差分、二阶差分方法给出时间序列的差分值。

● 输入量说明：

时间序列数据 1；时间序列数据 2。

● 加工处理描述：

采用一阶差分、二阶差分计算两组观测值的差分算术值、差分绝对值，并计算差分绝对值累加序列差分异常频次累计序列，统计差分值能量。

● 输出量说明：

一阶差分或二阶差分值（算术值或绝对值）；差分累加序列；差分值能量。

（7）小波分析。

● 功能描述：

选择小波类型、小波阶数、函数系数等参量，计算时间序列的小波趋势项和各阶细节项分析结果。

● 输入量说明：

时间序列数据；小波类型（flag）；小波阶数。

● 加工处理描述：

小波变换分成两个大类：离散小波变换（DWT）和连续小波变换（CWT）。小波是满足条件 $\int_R |\omega|^{-1} |\psi(\omega)| d\omega < +\infty$ 的函数 $\psi(x)$ 通过平移和伸缩而产生的一个函数族 $\psi_{a,b} = |a|^{-\frac{1}{2}} \psi\left(\dfrac{t-b}{a}\right)$，$\psi(x)$ 叫基本小波或母小波。

对任意的 $f \in L^2(R)$，若 $\psi(x)$ 满足允许条件，则 f 的连续小波变换定义为

$$(W_\phi f)(a, b) = \frac{1}{\sqrt{|a|}} \int_R f(t) \overline{\psi\left(\frac{t-b}{a}\right)} dt$$

其中，$a, b \in R$，$a \neq 0$。将 f 表示为小波级数的形式，小波级数的系数为

$$C_{m,\,n}(f) = \int_R f(x)\,\overline{\psi_{m,\,n}(t)}\,dt$$

其中，$\psi_{m,n} = a_0^{-\frac{m}{2}}\psi\ (a_0^{-m}t - nb_0)$，$0 < a_0$，$b_0 \neq 0$。

● 输出量说明：

小波趋势项和各阶系数。

（8）趋势速率分析。

● 功能描述：

原始数据趋势分析。

● 输入量说明：

给定长度的产品数据或本地模拟时间序列数据。

● 加工处理描述：

取原始序列中窗长为 l 的数据做线性回归分析，求出回归系数 b 和相关系数 r。b 即长度为数据的趋势速率值，r 为趋势分析相关系数，然后进行单点滑动，求出序列的趋势速率值。

● 输出量说明：

序列趋势速率值。

（9）变化速率计算。

● 功能描述：

进行分段测项变化速率的计算。

● 输入量说明：

给定长度的产品数据或本地模拟时间序列数据。

● 加工处理描述：

首先对给定场地的时序序列去倾，并进行最小二乘法平滑处理，利用公式计算曲线变化斜率 K 和自相关系数 R。根据斜率及相关系数计算变化速率。以判断测项是否处在加速或减速变化阶段。

● 输出量说明：

曲线关于时间轴的斜率值序列、自相关系数序列。

（10）从属函数分析。

● 功能描述：

用从属函数法从前兆观测数据的时间序列中提取异常信息。

● 输入量说明：

给定长度的产品数据或本地模拟时间序列数据。

● 加工处理描述：

首先计算一组观测时间序列的斜率和相关系数，再将测项的经验系数带入公式，求得从属函数的值。当从属函数值大于 0.5 时，可认为出现前兆异常。其中经验系数的值由一元回归分析，绘得 μ-t 图，根据人工经验选定。

● 输出量说明：

从属函数值。

4）异常信息提取功能

异常信息提取功能模块中，主要包含原始数据提取异常信息、差分模型提取异常信号、剩余曲线法提取异常信息、低通滤波模型提取趋势异常信息、GM（1，1）预测模型提取异常、自适应阈值提取异常信息、斜率差信息法提取异常信息、从属函数法提取异常信息等数学分析方法。处理的数据文件类型可以是分钟值、半点值、整点值、日均值、五日均值、旬均值、月均值和年均值等。

（1）原始数据提取异常信息。

● 功能描述：

用方差分析或给定的变化阈值，直接从原始观测数据序列中提取异常信息。

● 加工处理描述：

原始曲线法是针对那些无趋势变化或年变（或经过去趋势或年变）的观测数据，使用平稳序列的均方差作为异常控制线或使用给定的阈值作为异常控制线来判别和提取观测序列中的异常点，并将异常点进行 0-1 化处理。

（2）差分模型提取异常信息。

● 功能描述：

用方差分析或给定的变化阈值，从原始观测数据的一阶差分序列中提取异常信息。

● 加工处理描述：

差分模型是压制观测数据序列的较长周期信号，突出较短周期信号的线性滤波器。

设原始数据序列 $\{Y_i\}$，$(i=1, 2, \cdots n)$，则其一阶差分序列为

$$F_i = Y_i - Y_{i-1} \quad (i = 2, 3, \cdots, n)$$

差分模型方法可以突出那些突跳性或离散度较大的异常，是针对原始观测数据的一阶差分序列，使用平稳序列的均方差作为异常控制线，或使用给定的阈值作为异常控制线来判别日值序列中的异常点，并将异常点进行 0-1 化处理。

该方法对短期高频变化的异常提取比较有效，并对信息有一定放大作用。其缺点是随机干扰影响较大，虚报率相对较高。

（3）剩余曲线法提取异常信息。

● 功能描述：

用可变步长的剩余曲线分析方法，从观测数据序列中提取异常信息。

● 加工处理描述：

剩余曲线法提取异常信息实际上相当于一个高通滤波器。

设原始数据序列为 $\{Y_i\}$，$(i=1, 2, \cdots, n)$，则剩余曲线的一般表达式为

$$f_j = Y_j - \frac{1}{2L + 1} \sum_{i=j-L}^{j+L} Y_i \quad (i = L + 1, \Lambda, n - L)$$

式中，L 为步长，亦称为滤波器长度。随着 L 的增大，频带会增宽，低频部分增加，剩余曲线

序列 f_j 将在其两端分别损失 L 个数据。但当步长 $L \le 5$ 时，剩余曲线序列 f_j 不在两端损失数据。

剩余曲线序列 f_j 对观测数据序列在短期内偏离平衡态的变化特征有较好的描述，是原始观测数据序列，用平稳序列的均方差作为异常控制线或使用给定的阈值作为异常控制线来判别数据序列中的异常点，并将异常点进行 0-1 化处理。

此方法对直接提取短临异常有一定效果，而且较其他滤波方法简单、易掌握；其不足之处是，信息损失量较大，由于受随机干扰的影响，虚报率较高。

（4）低通滤波模型提取趋势异常信息。

● 功能描述：

对观测数据序列进行低通滤波，提取异常信息。

● 加工处理描述：

低通滤波模型提取趋势性异常信息是一种在正常变化（稳态）背景上提取异常（非稳态因子）的分析方法，主要用于低频域（趋势性或中长期性）异常的提取。

设某前兆观测值的时间序列为 $y(t)$，$(t=1, 2, \cdots n)$。用下述低通滤波器滤波可得新的时间序列 $y'(t)$

$$y'(t) = \frac{1}{2m+1}(y_{t-m} + \cdots + y_{t-1} + y_t + y_{t+1} + \cdots + y_{t+m})$$

此滤波器无相移，当 $2m+1$ 为一年时，$y'(t)$ 中 $T \le 1$ 年的成分基本滤去。$y'(t)$ 大致可视为是反映地壳运动的趋势性慢变化。

在一定物理意义下，又不失一般性，可假定理想的趋势性变化具有准线性质（例如继承性构造运动）、对数性质（如能量衰减，蠕变等）或其他性质，可用回归方式求出 $y'(t)$ 的动态基线 $\bar{y}(t)$。在

$$E[\bar{y}(t) - y'(t)]^2 \to \min$$

的条件下，建立 $\bar{y}(t)$ 的方程

$$V(t) = y'(t) - \bar{y}(t)$$

标准差为

$$s^2 = E[V(t) \cdot V(t)]$$

$y'(t)$ 的置信区间为

$$\bar{y}(t) \pm qs$$

式中，q 为标准差的倍数，一般可取 2、2.5 或 3；$y'(t)$ 超过置信区间视为出现异常，其概率相应为 5%、1% 或 0.5%。

（5）GM（1，1）预测模型提取异常。

● 功能描述：

用灰色预测模型 GM（1，1）提取观测数据序列的异常信息。

● 加工处理描述：

灰色理论的微分方程模型称为 GM 模型，G 表示"灰色"，M 表示"模型"，GM（1，N）表示 1 阶的，N 个变量的微分方程模型，而 GM（1，1）则是 1 阶的，1 个变量的微分方程型模型。

GM（1，N）模型适合于建立系统的状态模型，适合于各变量动态关联分析，适合于为高阶系统建模提供基础，不适合预测用。因为 GM（1，N）虽然反映的是变量 x_1 的变化规律，但是每一个时刻的 x_1 值都依赖于其他变量在该时刻的值，如果除 x_1 以外的其他变量 $\{x\}_i$，（$i=1，2，\cdots，n$）的预测值未求出，则 x_1 的观测值不可能得到。因此适合于预测的模型应该是单个变量的模型，应该是预测量本身数据的模型。所谓单个变量，便是 GM（1，N）中 $N=1$，即 GM（1，1）模型。因此，预测模型是 GM（1，1）模型。

GM（1，1）是 GM（1，N）的特例。

考虑有变量 $x^{(0)}$，

$$x^{(0)} = \{x^{(0)}(1)，x^{(0)}(2)，\cdots，x^{(0)}(n)\}$$

其相应的微分模型为

$$\frac{\mathrm{d}x^{(1)}}{\mathrm{d}t} + ax^{(1)} = u$$

为了使模型中只包括一个变量，具有独立性，因此上式中 u 是内生变量，是待辨识参数，这样便有待辨识参数列 $\bar{a}$ 为

$$\bar{a} = \begin{pmatrix} a \\ u \end{pmatrix}$$

将 u 作为内生变量后，上述一阶微分方程，仅是 $\dfrac{\mathrm{d}x}{\mathrm{d}t}$ 与背景量 χ 的线性组合，即有

$$a^{(1)}(x^{(1)}(k+1)) + a\chi^{(1)}(k+1) = u$$

对上式考虑

$$a^{(1)}(x^{(1)}(k+1)) = x^{(0)}(k+1)$$

$$\chi^{(1)}(k+1) = \frac{1}{2}(x^{(1)}(k) + x^{(1)}(k+1))$$

便有

$$k = 1, \ x^{(0)}(2) = a\left[-\frac{1}{2}(x^{(1)}(1) + x^{(1)}(2))\right] + u$$

$$k = 2, \ x^{(0)}(3) = a\left[-\frac{1}{2}(x^{(1)}(2) + x^{(1)}(3))\right] + u$$

$$\vdots$$

$$k = n, \ x^{(0)}(n) = a\left[-\frac{1}{2}(x^{(1)}(n-1) + x^{(1)}(n))\right] + u$$

引入下述符号

$$y_N = \begin{bmatrix} x^{(0)}(2) \\ x^{(0)}(3) \\ \vdots \\ x^{(0)}(n) \end{bmatrix}, \ \chi = \begin{bmatrix} -(x^{(1)}(1) + x^{(1)}(2))/2 \\ -(x^{(1)}(2) + x^{(1)}(3))/2 \\ \vdots \\ -(x^{(1)}(n-1) + x^{(1)}(n))/2 \end{bmatrix}, \ E = \begin{bmatrix} 1 \\ 1 \\ \vdots \\ 1 \end{bmatrix}$$

便有

$$y_N = a\chi + uE = [\chi \vdots E]\begin{bmatrix} a \\ u \end{bmatrix} = [\chi \vdots E]\bar{a}$$

记 B 为

$$B = [\chi \vdots E] = \begin{bmatrix} -\frac{1}{2}(x^{(1)}(1) + x^{(1)}(2)) & 1 \\ -\frac{1}{2}(x^{(1)}(2) + x^{(1)}(3)) & 1 \\ \vdots & \vdots \\ -\frac{1}{2}(x^{(1)}(n-1) + x^{(1)}(n)) & 1 \end{bmatrix}$$

现在有 $y_N = B\bar{a}$，根据最小二乘法，有

$$\bar{a} = (B^T B)^{-1} B^T y_N$$

归纳起来，GM（1，1）模型有下述算式及关系。

白化微分方程

$$\frac{\mathrm{d}x^{(1)}}{\mathrm{d}t} + ax^{(1)} = u$$

背景变量形式

$$a^{(1)}(x^{(1)}(k+1)) = -a\chi^{(1)}(k+1) + u$$

基本关系式

$$a^{(1)}(x^{(1)}(k+1)) = x^{(0)}(k+1)$$

$$\chi^{(1)}(k+1) = \frac{1}{2}(x^{(1)}(k) + x^{(1)}(k+1))$$

参数列 $\overline{a}$ 为

$$\overline{a} = [a, u]^T$$

参数算式

$$\overline{a} = (B^TB)^{-1}B^Ty_N$$

$$B = \begin{bmatrix} -\frac{1}{2}(x^{(1)}(1) + x^{(1)}(2)) & 1 \\ -\frac{1}{2}(x^{(1)}(2) + x^{(1)}(3)) & 1 \\ \vdots & \vdots \\ -\frac{1}{2}(x^{(1)}(N-1) + x^{(1)}(n)) & 1 \end{bmatrix}, \quad y_N = \begin{bmatrix} x^{(0)}(2) \\ x^{(0)}(3) \\ \vdots \\ x^{(0)}(n) \end{bmatrix}$$

（6）自适应阈值提取异常信息。

● 功能描述：

用自适应阈值法从观测数据序列中提取异常信息。

● 加工处理描述：

对于观测数据序列 $\{y_i\}$，$(i=1, 2, \cdots n)$，其自适应阈值的数学表达式一般形式为

$$F_i = \left| y_i - \frac{\sum\limits_{j=i-L}^{i} y_j}{L} \right| - KS_i \quad (i = L+1, L+2, \cdots, n)$$

式中，$\sum\limits_{j=i-L}^{i-1} y_j / L$ 是 y_i 值前 L 个观测值的均值；S_i 为前 L 个观测值的均方差；F_i 为超出 K 倍均方差的自适应阈值；K 为倍数。

自适应阈值序列 F_i 将在前端损失 L 个数据。用自适应阈值法提取异常信息，就是用长度为 L 个观测值做滑动平均，以求出的滑动平均值序列作为基线，用下一个观测值与基线相比较，看其变化是否大于 2 倍或 3 倍的滑动均方差。若大于，则表明此观测值中包含有异常。采用 L 个点做滑动平均，滤去了周期大于 L 的各种周期成分，能较好地反映出资料的随机成分的变化特征。

该方法可使用平稳序列的均方差作为异常控制线，或使用给定的阈值作为异常控制线来判别序列中的异常点，并将异常点进行 0-1 化处理。

自适应阈值对提取短临前兆异常的效果较好，但应根据具体资料特点选好窗长 L 和阈值倍数 K。另外，该方法受随机干扰影响较大。

（7）斜率差信息法。

● 功能描述：

斜率差信息法用于提取短临异常变化的信息，对包括突变、转折、阶跃、趋势消失或减弱等各种类型的异常信号，都能较好地提取出来。

● 加工处理描述：

一般地，前兆观测值与观测时间之间关系可由下式给出

$$y = a + bt$$

式中，y 为观测值向量；t 为时间向量；a，b 为待定系数。

设 b_L 为对 t_i 时刻以前 L 个观测值所构成的观测值曲线进行回归得到的回归斜率值。根据观测曲线的特点，取适当的 L 值（对日均值可取 30 左右），可得到观测曲线在 t_i 时刻的背景斜率值 b_L，故取 b_L 为背景斜率值。采用同样的计算过程，将式中的 L 值换成较小的 M 值（对日均值一般取 10 左右），则称 b_M 为当前斜率值。定义

$$\varepsilon = b_M - b_L$$

为斜率差信息值。斜率差信息值具有如下特点：①普适性强，其信息取自原观测值曲线形态的变化，可用于不同类型的观测资料；②曲线异常变化持续一段时间后，模型自动改变其趋势背景值，具有自动捕获和跟踪背景斜率值的功能；③如资料出现异常平静、趋势变化或年变消失，该方法可自动识别；④通过改变 L 和 M 的长度，可提取不同频域特征的异常信息。

（8）从属函数法提取异常信息。

● 功能描述：

用从属函数法从前兆观测数据的时间序列中提取异常信息。

● 加工处理描述：

各种地震前兆观测量虽然物理意义不同，但都是随时间变化的量，即为时间的函数。各

种前兆异常也都表现为各种观测量随时间的突出变化，异常形态虽然多种多样，诸如突跳阶跃、转折、加速等，但究其本质都是观测值曲线随时间的斜率变化。因此，观测曲线随时间的斜率变化将是判断异常的重要标志之一。

模糊数学方法中的模糊从属函数 μ （0，1），就是反映各种地震前兆观测曲线随时间的斜率变化的量，可以将它作为各种地震前兆观测数据中提取地震信息的一种方法。

从属函数 μ （0，1）定义如下

$$\mu_i = \frac{1}{1 + \dfrac{\alpha}{|K_i| \cdot |R_i|}}$$

式中，K_i 为时间序列的斜率，反映观测序列的速率变化；R_i 为 K_i 相应的相关系数，反映了观测序列内在质量的好坏；α 为经验常数。

当 $\mu \geqslant 0.5$ 时，可视为出现前兆异常。

K_i 与 R_i 可以利用 $m = 2L+1$，$(L = 1, 2, \cdots)$ 个连续的观测值及其相应的时间序号 T_i 做一元线性回归分析求得（通常取 $m = 5$，即 $L = 2$），即

$$\begin{cases} K_i = \dfrac{\displaystyle\sum_{j=i-L}^{i+L} T_j \sum_{j=i-L}^{i+L} Y_j - m \sum_{j=i-L}^{i+L} T_j Y_j}{\left[\displaystyle\sum_{j=i-L}^{i+L} T_j\right]^2 - m \displaystyle\sum_{j=i-L}^{i+L} T_j^2} \\[4mm] R_i = \dfrac{\displaystyle\sum_{j=i-L}^{i+L} T_j Y_j - \left(\sum_{j=i-L}^{i+L} T_j \sum_{j=i-L}^{i+L} Y_j\right)/m}{\left[\displaystyle\sum_{j=i-L}^{i+L} T_j^2 - \left(\sum_{j=i-L}^{i+L} T_j\right)^2/m\right] \cdot \left[\displaystyle\sum_{j=i-L}^{i+L} Y_j^2 - \left(\sum_{j=i-L}^{i+L} Y_j\right)^2/m\right]^{1/2}} \end{cases}$$

式中，m 为一元回归分析时样本的个数，且 $m = 2L+1$；Y_j 为前兆观测序列值；T_j 为相应的时间序号，且 $j = 1, 2, \cdots, N$。

对于一元回归分析时采用的样本个数 $m = 2L+1$ 不同，从属函数 μ_i 值序列将分别在两端损失 L 个数据。

经验常数 α 可通过样本的学习而定。对于每个台（项），α 值有一个比较稳定的值。必须找出一个使得该台（项）前兆观测值出现的异常与地震活动之间有最佳的对应关系的 α 值。

当 $|K_i|$ 与 $|R_i|$ 不变时，α 值愈大，则 μ 值愈小；反之，α 值愈小，则 μ 值愈大。α 值应当这样确定，既要选取尽可能小的 α 值，使得无地震异常时，由 α 值求得的 μ_i 值尽可能大，但又不超过 0.5。这样当有异常时（为 K_i 值增大，即速率加大时），μ_i 就可以灵敏地超限（$\mu_i > 0.5$）了。

一般而言，一个台站或前兆测项的 α 值是相对固定的，一旦选定，可以多年不变。而

一个台（项）的 α 值越大，则反映该台（项）受外界干扰较大，对异常的反映不够灵敏。

根据 m 个连续观测值，可求出一个 μ 值，然后往后滑动一个观测值，再计算出一个 μ 值，这样，由 N 个观测值就可以计算出 $N-m-1$ 个 μ_i 值，取 $\mu_i>0.5$ 的点作为异常点。

μ 值的计算步骤如下：

①首先确定经验常数 α：由选定的 N 个前兆观测值，每 m 个连续观测值做一元回归分析，分别求出 R_i，K_i 值（共 $N-m-1$ 组），从中选出 $|K_i|\cdot|R_i|$ 最大的值作为 α 值的初值 α_1，将 α_1 代入式中求出 $N-m-1$ 个 μ_i 值，绘出 $\mu-t$ 图，看其是否符合研究的震例要求。如果完全不适合，则人工输入一个 α_2 值，重新绘 $\mu-t$ 图；如果由 $\mu-t$ 图上看出已基本符合要求，则再选 $\alpha_2<\alpha_1$，直至使 α 值尽可能小，但又适合研究震例要求为止。

②计算 μ_i 值：α 值确定后，即可由 N 个观测值求得 $N-m-1$ 个 μ_i 值，得出相应的 $\mu-t$ 图。

前兆观测值的速率变化是目前识别异常的主要指标之一。前兆变化量的速率急剧增大（或减小）可能反映了应力积累达到极点而导致断裂破裂的阶段。该方法可以较有效地突出前兆速度异常的变化特征，提高异常分辨能力，但一般在处理前最好做干扰排除处理，尽可能减小虚假异常。该方法对无明显干扰的测点预报效果较好。

根据不同的需要，从属函数法提取异常信息可以选择以下 7 种常见的变化速率值

$$y = a + bx \qquad \frac{1}{y} = a + \frac{b}{x} \qquad y = a + b\ln x \qquad y = e^{bx}$$

$$y = ae^{\frac{b}{x}} \qquad y = ax^b \qquad \frac{1}{y} = a + be^{-x}$$

（9）地震事件异常提取。

● 功能描述：

根据地震应急或研究需要，对形变、电磁、流体观测资料进行地震动态响应识别与参数计算。

● 输入量说明：

地震时间、震级、震中经纬度；测点经度、纬度；各测项分量数据原始数据、预处理数据、均值数据序列。

● 加工处理描述：

测点差分—方差法筛选地震期间响应时间序列，人机对话浏览图像提取响应参数（响应类型与形态、持续时间），自动计算基值、响应幅度及其归一化响应幅度，将计算结果作为三级产品存储在数据库中。

● 输出量说明：

同震响应参数：响应类型与形态、持续时间、响应幅度。

5）PPT 自动生成功能

● 功能描述：

在预先定义各个观测量的数据处理方法和异常判定方法后，可选择一定范围和一定台站

的观测量进行数据生产和异常分析，并将数据结果自动生成为 PPT。

● 输入量说明：

台站—测点—测项分量、时间范围。

● 加工处理描述：

对检索出的数据进行差分、滤波、速度分析、加速度分析、周期分析等，将数据处理结果及异常检测结果生成为 PPT。

● 输出量说明：

数据 PPT 及数据异常 PPT。

6）异常信息动态浏览

● 功能描述：

该功能可对数据处理结果及异常分析结果进行检索、查询，并对查询结果进行动态展示浏览。

● 输入量说明：

台站—测点—测项分量、数据类型、时间范围。

● 加工处理描述：

对检索出的数据进行空间绘图分析，包括空间数据点图和空间等值线图。

● 输出量说明：

异常信息空间分布图。

5.3.2.2　对性能的规定

1）精度

该系统的输入、输出数据精度采用 32 位单精度浮点数即可满足要求，但在运算过程变量建议采用 64 位双精度浮点数。

2）灵活性

该系统具有良好的灵活性，包括产品类型的可扩展性，算法的可扩展性，部署的可扩展性，地图数据的扩展。具体如下。

（1）产品类型的可扩展性。

随着产品认识的不断加深，将不断有新的产品类型扩充，系统可以增加新的产品类型，并可为此产品定义数据处理与加工模型。

（2）算法的可扩展性。

随着学科研究的不断深入，算法模型将进一步得到完善，并在现有的基础上会进行扩充，本系统具备良好的算法模型的可扩展性。系统的计算部分、参数输入部分、绘图部分、人机交互部分相对独立，有机结合。

（3）部署的可扩展性。

能够方便地增加软件部署的节点，通过系统配置保证所有节点可以协调工作。

5.3.2.3　输入、输出要求

1）数据处理

（1）形变数据处理（表 5.3.1）。

表 5.3.1 形变数据处理功能模块

功能名称	输入项名称	输入项类别	数据项类型	输入项来源	输出项名称	输出项类别	数据项类型	输出项存储
均值计算	地倾斜整时值序列	数组	DOUBLE	前兆数据库	地倾斜日均值、五日均值、旬均值序列	数组	DOUBLE	本地及数据库表
	地应变整时值序列	数组	DOUBLE	前兆数据库	地应变日均值、五日均值、旬均值序列	数组	DOUBLE	本地及数据库表
潮汐分析计算	地倾斜整时值	数组	DOUBLE	前兆数据库	地倾斜潮汐分析结果	数组	DOUBLE	本地及数据库表
	地应变整时值	数组	DOUBLE	前兆数据库	地应变潮汐分析结果	数组	DOUBLE	本地及数据库表
非潮汐变化计算	地倾斜整时值	数组	DOUBLE	前兆数据库	地倾斜非潮汐变化（去潮汐、去漂移）	数组	DOUBLE	本地及数据库表
	地应变整时值	数组	DOUBLE	前兆数据库	地应变非潮汐变化（去潮汐、去漂移）	数组	DOUBLE	本地及数据库表

（2）地磁数据处理（表 5.3.2）。

表 5.3.2 地磁数据处理功能模块

功能名称	输入项名称	输入项类别	数据项类型	输入项来源	输出项名称	输出项类别	数据项类型	输出项存储
基于地磁绝对分钟值计算的地磁场七要素计算	经过基本归算处理的地磁绝对分钟值数据	数组	DOUBLE	前兆数据库	地磁时均值、日均值、子夜均值、月均值、年均值	数组	DOUBLE	本地及数据库表
地磁日变幅及其相关参数计算	经过基本归算处理的相对分钟值数据	数组	DOUBLE	前兆数据库	早高时间、晚高时间、低点时间、早高值、晚高值、低点值、日变幅度	数组	DOUBLE	本地及数据库表

续表

功能名称	输入项名称	输入项类别	数据项类型	输入项来源	输出项名称	数据项类型	输出项存储
磁扰事件相关参数计算	经过基本归算处理的相对分钟值数据、磁扰事件目录	数组	DOUBLE	前兆数据库	去静日变化数据，地磁场D、H、Z、F各要素磁扰事件参数数据，国际磁情指数数据	DOUBLE	本地及数据库表

（3）地电数据处理（表5.3.3）。

表5.3.3 地电数据处理功能模块

功能名称	输入项名称	输入项类别	数据项类型	输入项来源	输出项名称	输出项类别	数据项类型	输出项存储
均值计算	地电阻率小时值，地电场分钟值数据	数组	DOUBLE	前兆数据库	日、五日、月、年均值	数组	DOUBLE	本地及数据库表
地电阻率加权均值计算	地电阻率小时值数据	数组	DOUBLE	前兆数据库	地电阻率加权日、五日、月、年均值	数组	DOUBLE	本地及数据库表
地电场极化矢量计算	地电场分钟值，小时、日、五日、月、年均值	数组	DOUBLE	前兆数据库	地电场极化强度、地电场极化方位（分钟、小时、日、五日、月、年）	数组	DOUBLE	本地及数据库表
地电流场计算	台站浅层电导率，地电场分钟值，或小时、日、五日、月、年均值	数组	DOUBLE	前兆数据库	地电流场电流密度模（分钟、小时、日、五日、月、年）；电流密度矢量方位（分钟、小时、日、五日、月、年）	数组	DOUBLE	本地及数据库表

（4）流体数据处理（表 5.3.4）。

表 5.3.4 流体数据处理功能模块

子功能名称	输入项名称	输入项类别	数据项类型	输入项来源	输出项名称	输出项类别	数据项类型	输出项存储
均值计算	水位、水温、气氡、气汞、氢气整点值值序列；水位、水汞、气汞、氢气及离子日值序列	数组	DOUBLE	前兆数据库	水位、水温、气氡、气汞、水汞、氢气、气体及离子日均值、五日均值、旬均值、月均值、年均值	数组	DOUBLE	本地及数据库表
水位潮汐分析	水位整点值序列，测点经度、测点纬度	数组	DOUBLE	前兆数据库	水位潮汐因子、相位滞后及中误差序列	数组	DOUBLE	本地及数据库表
水位气压改正	水位、气压整点值或日值序列	数组	DOUBLE	前兆数据库	经过气压校正的水位值序列、气压系数	数组	DOUBLE	本地及数据库表
变差分析	水位、水温月/年均值序列，气氡、气汞、氢气、气体及离子月/年均值序列	数组	DOUBLE	前兆数据库	水位、水温月/年变差，归一化月/年变差；气氡、气汞、氢气、气体及离子月/年相对变差	数组	DOUBLE	本地及数据库表

2) 异常分析（表 5.3.5）

表 5.3.5　异常分析功能模块

模块名称	输入项名称	输入项类别	数据项类型	输入项来源	输出项名称	输出项类别	数据项类型	输出项存储
线性趋势分析	待拟合观测值序列	数组	DOUBLE	人工选择	拟合斜率	数值	DOUBLE	本地
					拟合截距	数值	DOUBLE	本地
					线性度	数值	DOUBLE	本地
相关分析	测值序列 A	数组	DOUBLE	人工选择	相关系数	数值	DOUBLE	本地
	测值序列 B	数组	DOUBLE	人工选择				
线性回归方法	观测值序列	数组	DOUBLE	人工选择	平稳观测值序列	数组	DOUBLE	本地
					线性度	数组	DOUBLE	本地
					校正后的观测值序列	数组	DOUBLE	本地
逐步回归方法	观测值序列	数组	DOUBLE	人工选择	误差平方和、标准差、回归平方和、偏相关系数、复相关系数、T 检验值、相关系数的临界值	数值	DOUBLE	本地
平滑滤波分析	观测值序列				滤波后观测值序列	数组	DOUBLE	本地
	选择标识	字符	VARCHAR (1)	人工选择				
周期分析	观测值序列	数组	DOUBLE	人工选择	周期频率	数组	DOUBLE	本地
					周期振幅	数组	DOUBLE	本地
差分分析	测值序列 A	数组	DOUBLE	人工选择	差值序列	数组	DOUBLE	本地
	测值序列 B	数组	DOUBLE	人工选择				

模块名称	输入项名称	输入项类别	数据项类型	输入项来源	输出项名称	输出项类别	数据项类型	输出项存储
自适应阈值分析	观测值序列	数组	DOUBLE	人工选择	异常观测值序列	数组	DOUBLE	本地
小波分析	观测值序列	数组	DOUBLE	人工选择	小波项序列	数组	DOUBLE	本地
	小波标识	字符	VARCHAR(1)	人工选择				
	小波阶数	数值	UINT	人工选择				
趋势速率分析	观测值序列	数组	DOUBLE	人工选择	速率值序列	数组	DOUBLE	本地
富氏滑动计算	观测值序列	数组	DOUBLE	人工选择	周期序列	数组	DOUBLE	本地
	周期长度	数值	UINT	人工选择	残差序列	数组	DOUBLE	本地
矩平计算	观测值序列	数组	DOUBLE	人工选择	去年变的数据序列	数组	DOUBLE	本地
	周期长度	数值	UINT	人工选择	残差序列	数组	DOUBLE	本地
变化速率计算	观测值序列	数组	DOUBLE	人工选择	斜率序列	数组	DOUBLE	本地
					自相关序列	数组	DOUBLE	本地
从属函数分析	观测值序列	数组	DOUBLE	人工选择	从属函数值	数值	DOUBLE	本地

5.3.2.4 接口需求

1）原料数据读取传输接口

- 接口名称：原料数据读取传输接口。
- 实现方式：Oracle 数据交换接口。
- 发送方/提供方：数字前兆资料分析处理系统。
- 接收方/使用方：数字前兆资料分析处理系统。
- 接口描述：数字前兆资料分析处理系统通过数据库接口读取前兆数据库中的原料产品。
- 数据内容：原料数据。
- 异常处理：原料数据传输，记录失败信息，重新获取。
- 保密性要求：高。

2）异常分析结果存储传输接口

- 接口名称：异常分析结果存储传输接口。
- 实现方式：Oracle 数据交换接口。
- 优先级：高。
- 发送方/提供方：数字前兆资料分析处理系统。
- 接收方/使用方：数字前兆资料分析处理系统。
- 接口描述：将数字前兆资料分析处理系统产出的数据处理和异常分析结果存储到异常数据库中。
- 数据内容：形变、电磁、流体学科数据处理和异常分析结果。
- 异常处理：产品数据传输，记录失败信息，重新获取。
- 保密性要求：高。

3）产品上传接口

- 接口名称：文件上传通用接口。
- 实现方式：API 调用。
- 优先级：高。
- 发送方/提供方：数字前兆资料分析处理系统。
- 接收方/使用方：数字前兆资料分析处理系统。
- 接口描述：数字前兆资料分析处理系统将生成的图件、网页、数据文件通过 FTP 服务上传至 FTP 服务器。
- 数据内容：图件、网页、xml 数据文件等。
- 异常处理：图件产品传输，记录失败信息，重新获取；网页产品传输，记录失败信息，重新获取。
- 保密性要求：高。

4）内部接口

本系统中内部接口主要为各模块之间的通信接口，实现方式为 API。

5）接口实现方式

（1）API 方式。

本系统需要提供多种 API 的方式进行接口的设计开发。对于 API 接口方式总体设计实现要求如下：

- 独立封装的逻辑处理函数接口；
- 具有与服务器端连接的高可靠性和高效性；
- 具有完整的日志记录功能；
- 具有与服务器端连接参数可配置化的功能。

（2）Oracle 数据交换接口。

数字前兆资料分析处理系统与前兆数据库和异常分析数据库之间通过 Qracle 数据交换接口实现原料数据的读取、处理结果的存储，即各个模块要获取数据库中的数据，将处理结果存储在数据库中都通过该接口。

5.3.2.5　故障处理要求

系统运行中难免出现一些故障，对此我们提出一些建议和要求：

（1）当接收到错误或者不合理的数据时，有一定的错误提醒且系统仍能够正常运作；

（2）系统能够对服务器和网络通信故障识别并提示，且在故障排除后能马上恢复运作；

（3）数据库具有灾难备份机制，即使遇到意外终端的情况，也能在正常运作后对数据进行恢复；

（4）当系统发生故障时，及时向用户返回相关故障原因；

（5）除了软件本身具有良好的维护性外，还拥有离线的维护环境以便在不影响正常业务的情况下进行软件的维护工作；

（6）对各级产品数据以及用户资料及时备份；

（7）公开管理员电子邮箱、联系电话等，以便用户和管理员可以及时联系；

（8）做好数据库和服务器的日常维护工作。

5.3.2.6　其他专门要求

1）系统稳定性

本系统开始运行后，系统将进入 7×24 小时不间断运行状态，除去硬件、数据库及网络故障因素外，平均无故障时间不低于 700 小时。系统当机时监控程序要通过电子邮件等方式向管理员发送消息并能够自动重启应用，恢复系统的正常运行。

2）易操作性

（1）为便于操作人员的人工干预，系统中有关运行参数的修改，应提供直观、方便的修改界面；系统出现中断时，重新起动方便快捷。

（2）用户使用本系统的数据服务时，用户能够快捷的查询和检索到异常参数数据。

（3）提供图标化的人机界面，广泛采用拖放操作方式。

3）可维护性

系统一旦投入运行就不能间断。除了要求软件本身具有良好的维护性外，还应当拥有离线的维护环境以便在不影响正常业务的情况下进行软件的维护工作。

4）规范性

本系统的设计须采用相关技术标准规范，严格遵循软件工程规范化的设计原则，不同的设计阶段进行严格的设计评审及完成相应的设计文档等，对整个设计过程进行规范化的管理和控制。加工处理系统所有资料应具有规范的文件命名和数据格式。

5.3.3　运行环境规定

5.3.3.1　硬件环境

系统运行于普通 Windows 系统的 PC 机或 Windows 服务器上。

服务器：Windows server 2003

客户机：Windows NT 及以上版本

内存：2G

5.3.2.2　软件环境

软件系统平台：Windows NT 或以上

编程语言：C#

浏览器：IE6 及以上

软件界面如图 5.3.4 所示。

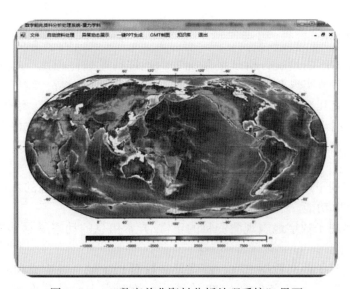

图 5.3.4　"数字前兆资料分析处理系统"界面

5.3.4　软件实现功能

5.3.4.1　数字化资料处理与异常检测模块

该模块实现形变、电磁、地下流体资料的日常数据处理、专用方法分析和异常提取功能。用户只需要输入控制参数，即可实现数据处理与异常提取。异常分析方法如处理日尺度异常的方差分析法、空间相关分析法、地磁低点位移计算、固体潮日畸变判定法等。该模块在后台自动运行，从前兆数据库中读取原始观测数据，计算得到的数据结果和异常分析结果存入异常数据库。

5.3.4.2　异常分析与动态展示模块

该模块包括资料查询、动态浏览、异常分析、事件异常提取功能。可在前台菜单进行人机交互的数据处理结果检索、查询和绘图，可进行人机交互异常分析，并对观测资料进行地震事件异常响应识别。

5.3.4.3　一键 PPT 生成模块

在预先定义各个观测量的数据处理方法和异常判定方法后，可选择一定范围和一定台站的观测量进行数据生产及异常分析，并将数据结果自动生成为 PPT。"前兆异常数据 PPT"则针对选择的时间范围和空间范围的数据，经过资料处理与异常判断，仅将存在异常的数据分析结果一键生成为 PPT。PPT 内容包括台站基本信息、原始数据/预处理数据、公用方法处理结果及异常自动识别与告警结果。

5.3.4.4　GMT 绘图模块

本模块采用人机交互的形式实现 GMT 绘图功能。系统使用人员可在完全不了解 GMT 命令的情况下，完成各种参数的定制，如图像位置、尺寸大小、绘图范围、颜色配置等，生成专业 GMT 专题图。

5.3.5　软件创新点

与现有"基于 GIS 的地震分析预报系统"的地震行业软件相比，本系统强调后台批量的数字资料自动处理，实现 PPT 一键生成、共享和数据动态查看，软件具有高度灵活的参数可配置性，人机交互 GMT 做图的实现。因此速度更快、功能更多、绘图功能更强。

该软件能够应用于实际分析，并已通过专家组测试。申请到了软件登记证书，并在云南、甘肃、安徽等省地震局和大理市地震局推广应用。

测试结论如下：

（1）该系统实现了电磁、流体、形变等数字前兆资料后台一键的数据处理、专用方法分析和数据异常提取功能。

（2）该系统实现了数字地震观测资料的正常/异常信息的动态展示功能，并实现了前台交互的异常分析功能。

（3）该系统实现了前兆数据 PPT、前兆异常数据 PPT 的一键生成和动态演示功能。

（4）该系统实现了人机交互的 GMT 绘图，可绘制震中台站分布图、数据点空间分布图、等值线图等多种 GMT 图件，可供用户进行前兆异常综合分析。

（5）用户界面实用、直观，各项操作简便易用。

（6）软件文档（需求分析说明书、用户安装说明书、用户使用说明书、软件测试申请报告、软件测试大纲）齐全。

参 考 文 献

国家地震局预测预防司．地震短临预报的理论与方法——"八五"攻关三级课题论文集．北京：地震出版

社，1997

国家地震局预测预防司．大陆地震预报的方法和理论——中国"八五"地震预报研究进展．北京：地震出
　　版社，1998

国家地震局科技监测司．地震学分析预报方法程式指南．北京：地震出版社，1990

中国地震局．地震现场工作大纲和技术指南．北京：地震出版社，1998

吴开统．地震序列概论．北京：北京大学出版社，1990

中国地震局监测预报司．中国大陆地震序列统计特征．北京：地震出版社，2007